毛线领饰巧手编

谭阳春／编

中国纺织出版社

内 容 提 要

《毛线领饰巧手编》一书收集了44款做工细腻、创意百搭的毛线领饰作品。领饰相对于初学者来说，比较容易上手，编织难度小、耗时短，会比较有成就感。近年来，毛线领饰的编织广获手作族的青睐，精致的蕾丝花边搭配无论搭配在夏季的裙子、T恤，还是装点在冬天的毛衣、小外套上，都会让整个服装更有特色，点亮整体的女性气质。作者精选当下最流行的编织领饰，耐心地讲解最基本的技法，到作品的造型，配以详细的图解及步骤解析，让您一学便会，轻松掌握编织技巧。

花样领饰，总有一款适合您，赶快动手编织吧！

图书在版编目（CIP）数据

毛线领饰巧手编 / 谭阳春编． -- 北京：中国纺织出版社，2016.3

ISBN 978-7-5180-2059-1

Ⅰ．①毛… Ⅱ．①谭… Ⅲ．①绒线—手工编织—图集
Ⅳ．①TS935.52-64

中国版本图书馆CIP数据核字(2015)第243970号

策划编辑：阚媛媛

装帧设计：水长流文化 责任印制：储志伟

中国纺织出版社出版发行

地址：北京市朝阳区百子湾东里A407号楼 邮政编码：100124

销售电话：010 - 67004422 传真：010 - 87155801

http: //www.c-textilep. com

E-mail: faxing@c-textilep. com

中国纺织出版社天猫旗舰店

官方微博 http://weibo.com/2119887771

北京佳诚信缘彩印有限公司印刷 各地新华书店经销

2016年3月第1版第1次印刷

开本：787×1092 1/16 印张：7

字数：84千字 定价：29.80元

目录

Part 1

风　手作界的创意领饰 /4

Part 2

精选领饰制作示范 /58

Part 3

编织图　与技巧 /69

Part 1

风　手作界的创意领饰

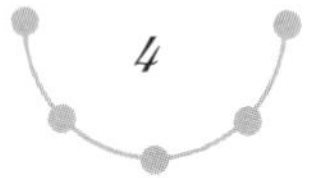

NO.2 百搭系带装饰领

编织方法
见70页

NO.3 双层花边装饰领

编织方法
见71页

NO.4 浪漫邂逅装饰领

编织方法
见72页

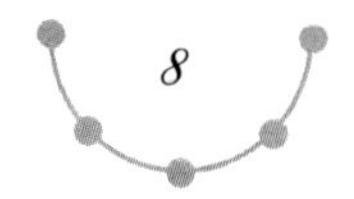

NO.5 甜蜜午后装饰领

编织方法
见73页

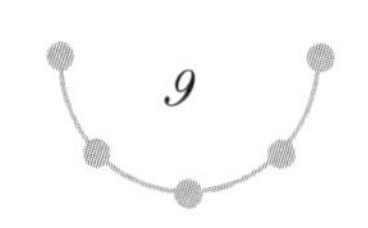

NO.6
英伦风情装饰领

编织方法
见74页

NO.7
创意镂空装饰领

编织方法
见75页

NO.8
花样少女装饰领

编织方法
见76页

NO.9
别致小花装饰领

NO.10
独家记忆装饰领

编织方法
见78页

NO.11 菱形拼接装饰领

编织方法
见79页

Coffee &
NO.12
甜美田园装饰领

Coffee
编织方法
见80页

NO.13
文艺气质装饰领

编织方法
见81页

NO.14 青涩年华装饰领

编织方法
见82页

NO.15 立体花朵装饰领

编织方法
见83页

NO.16
曼妙精灵装饰领

NO.17
花与爱丽丝装饰领

NO.18
荷叶边系带装饰领

NO.19
小家碧玉装饰领

编织方法
见87页

NO.20
迷雾森林装饰领

NO.21
俏皮可爱装饰领

NO.22
俏丽佳人装饰领

编织方法
见90页

NO.23
扇形拼接装饰领

编织方法
见91页

NO.24
优雅脱俗装饰领

NO.25
简约大气装饰领

编织方法
见93页

NO.26
淑女范儿装饰领

NO.27
巧妙错落装饰领

编织方法
见95页

NO.28
浪漫气息装饰领

编织方法
见96页

NO.29 治愈系少女装饰领

编织方法
见97页

NO.30
清新自然装饰领

编织方法
见98页

NO.31
可爱减龄装饰领

NO.32
纯色花朵装饰领

编织方法
见100页

NO.33
精致卷边装饰领

NO.34
波浪边缘装饰领

NO.35 橙色钩花装饰领

编织方法
见103页

NO.36
森女风格装饰领

编织方法
见104页

NO.37
连续花样装饰领

编织方法
见105页

NO.38 经典简约装饰领

NO.39
淡雅清新装饰领

NO.40
个性时尚装饰领

NO.41
初恋时光装饰领

编织方法
见109页

NO.42
复古风格装饰领

编织方法
见110页

NO.43
甜美靓丽装饰领

NO.44
韩式唯美装饰领

编织方法
见112页

NO.9 领饰的制作方法

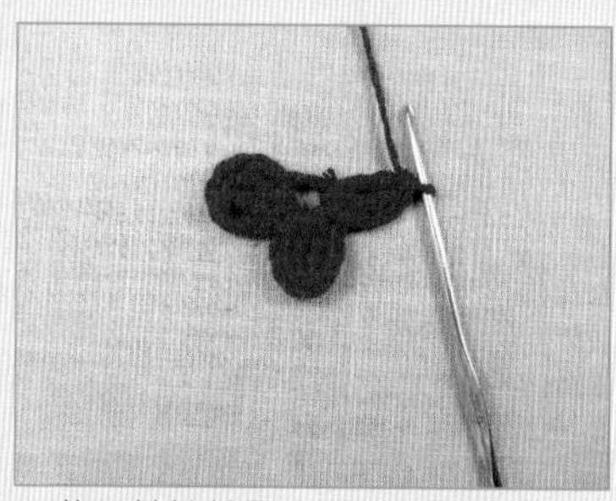

1. 钩 6 针锁针引拔围成圈后再钩 4 针锁针、2 针长长针、4 针锁针、1 针引拔针的小花瓣 2 个，第 3 个小花瓣只钩 4 针锁针、2 针长长针。

2. 钩 10 针锁针，在倒数第 6 针上引拔围成圈，并把线从织物的上方移到下方，开始钩第 2 个花朵。

3. 按前面的方法钩所需花边的长度。

4. 最后 1 个花朵钩完 5 个完整的花瓣后，钩 4 针锁针、2 针长长针，把钩针插入前 1 个花朵的第 3 个花瓣的顶部后引拔。

5. 钩 4 针锁针在圈内引拔后钩完所有的花瓣。

6. 如图在第 1 个花朵上钩 4 个花瓣后，在第 4 个花瓣上再钩 10 针锁针，在倒数第 6 针引拔围成圈后，把线从织物的右边移到左，钩第 2 层花朵。

7. 将第 2 层的第 1 个花朵的第 1 个花瓣与第 1 层的第 2 个花朵的第 5 个花瓣引拔连接。

8. 将第 2 层的第 2 个花朵的第 1 个花瓣与第 1 层的第 2 个花朵的第 4 个花瓣引拔连接。

9. 将第 2 层的第 2 个花朵的第 2 个花瓣与第 1 层的第 3 个花朵的第 5 个花瓣引拔连接。

10. 钩完剩下的第 2 层花朵，按同样的方法钩第 3 层花朵。

11. 将第 3 层的花朵第 1 个花瓣与第 2 层的第 2 个花朵的第 5 个花瓣引拔连接后完成剩下的花瓣，并把第 2 层剩下的花瓣也钩完整回到第 1 层。

12.9 个花朵组成的三角形完成，6 个三角形成 1 个领边花。如此重复步骤完成整个领边作品。

NO.10 领饰的制作方法

1. 钩8针锁针引拔围成圈，在圈内钩4针锁针立起、4针长长针、5针锁针、5针长长针，完成半朵花。

2. 钩15针锁针的辫子。

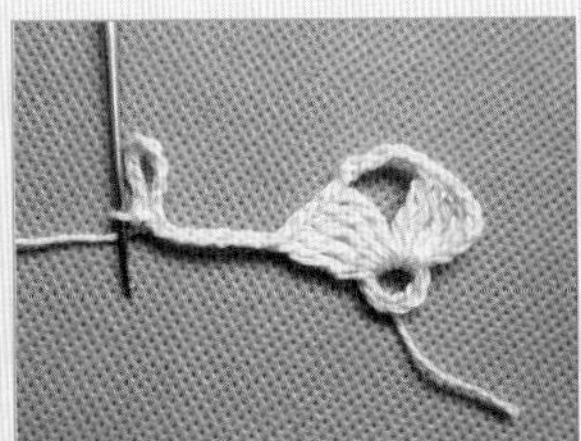

3. 在辫子的倒数第8针锁针引拔1针围成圈。

4. 在辫子的倒数第9、10、11、12针上分别引拔1针，并把线放到织物的下方。

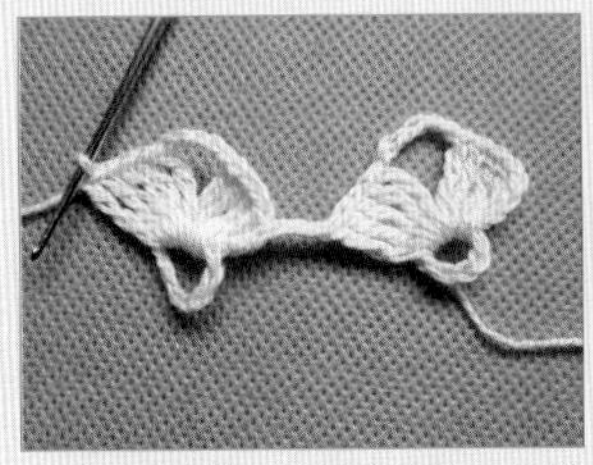

5. 在圈内钩4针长长针、5针锁针、5针长长针。重复步骤2～5钩20个半朵花朵。

6. 第20个花朵，是在圈内钩4针长长针、5针锁针、5针长长针、5针锁针、5针长长针、3针锁针、5针长长针。

7. 如图钩2针锁针、1针短针、2针锁针。

8. 在未完成的花朵里钩5针长长针、3针锁针、5针长长针、2针锁针、1针短针、2针锁针。

9. 重复步骤8的方法钩回到第1个未完成的花朵上，在第1个花朵上钩5针长长针、3针锁针、5针长长针、5针锁针与第1个花朵的4针立起针引拔1针完成花朵的第1圈。

10. 开始钩花朵的第2圈，钩4针锁针立起、钩4针长长针的并针。

11. 如图钩8针锁针、1针短针、8针锁针、10针长长针的并针、8针锁针。

12. 按步骤11的方法钩到第20个未完成的花朵上。

13. 在第20个花朵上钩完10针长长针的并针后钩8针锁针、1针短针、8针锁针、5针长长针的并针、5针锁针、1针短针、5针长针的并针。

14. 钩5锁针、1针短针、10针长针的并针、5针锁针、1针短针、5针锁针。

15. 重复步骤14的方法回到第1个花朵上钩5针锁针、1针短针、5针锁针，与第1个花朵第2圈的4针立起针引拔完成第2圈。

16. 按图解方法钩鱼网针及边缘的花样。

NO.13 领饰的制作方法

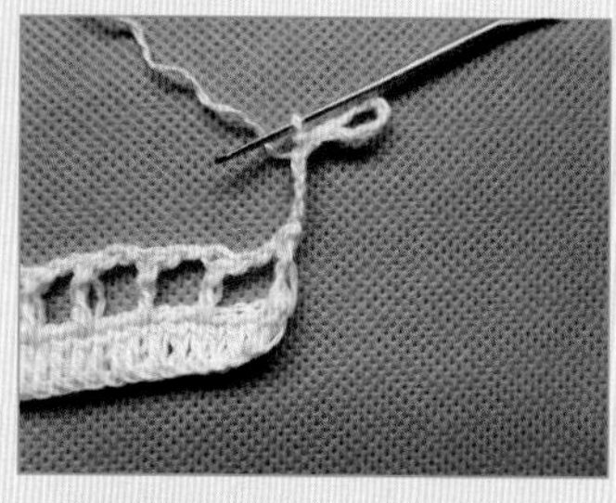

1. 按图解先钩好第 1 段和第 2 段花样后钩 15 针锁针，在倒数第 8 针位置上引拔 1 针围成圈，在倒数第 9 针和第 10 针上分别引拔针，并把线放到织物的下面。

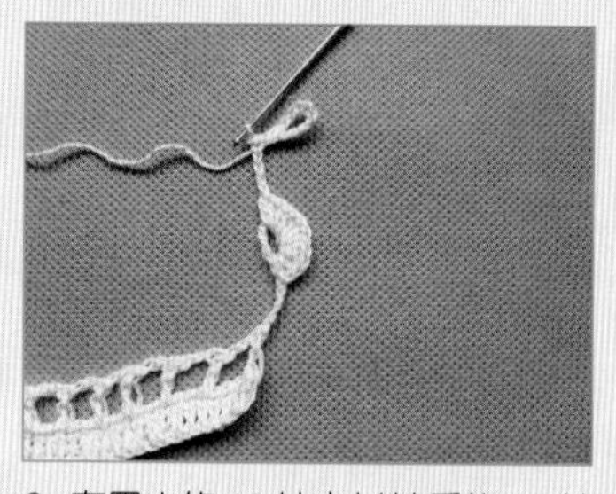

2. 在圈内钩 11 针中长针后钩 15 针锁针，在倒数第 8 针位置上引拔 1 针围成圈，并在倒数第 9 针和第 10 针上分别引拔，并把线放到织物的下面。

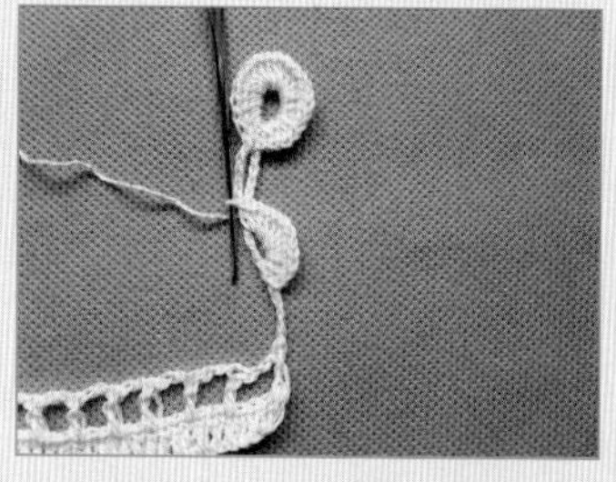

3. 在第 2 个圈内钩 21 针中长针、1 针引拔针，完成 1 个小圆圈花朵，再钩 5 针锁针、1 针引拔针与第 1 个未完成的花朵相连。

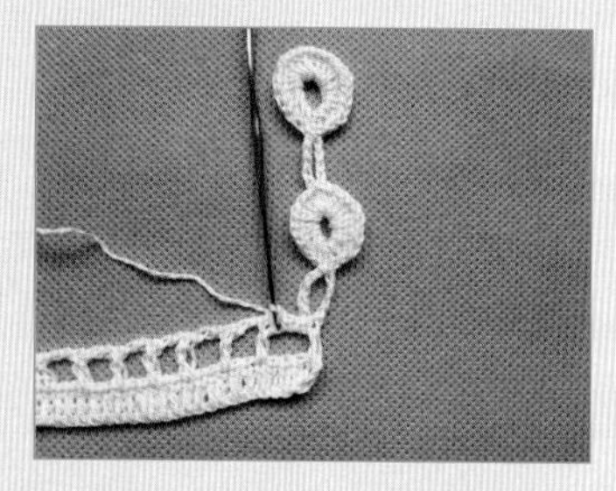

4. 在第 1 个未完成的花朵里钩 10 针中长针、1 针引拔针，完成整个花朵后钩 5 针锁针、1 针引拔针、2 针短针，完成第 1 条的 2 个花朵。

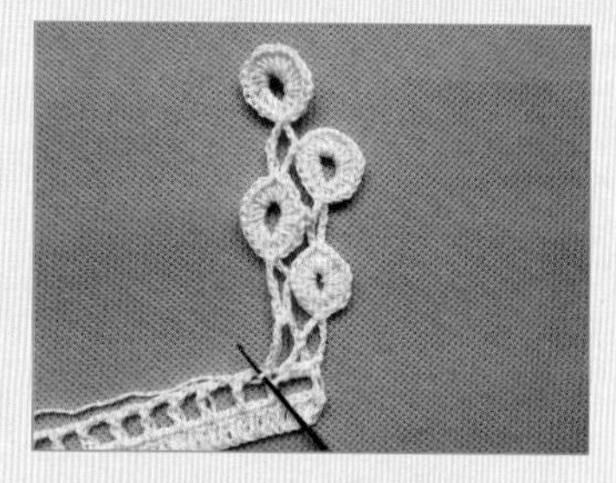

5. 如图钩第 2 条的 2 个花朵，注意与第 1 条花朵相连接。

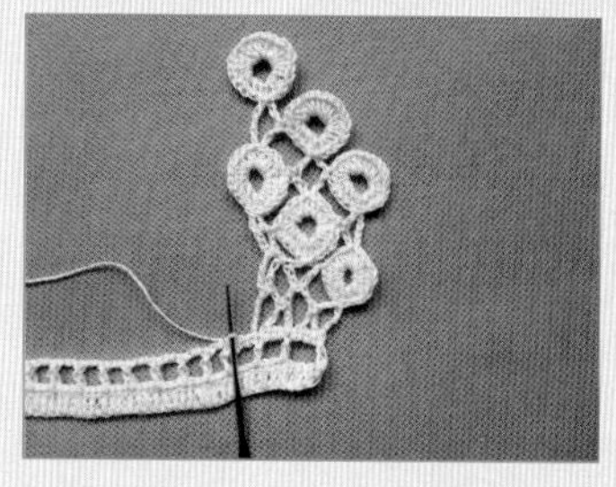

6. 同样的方法钩第 3 条花朵，注意每条花朵的位置。

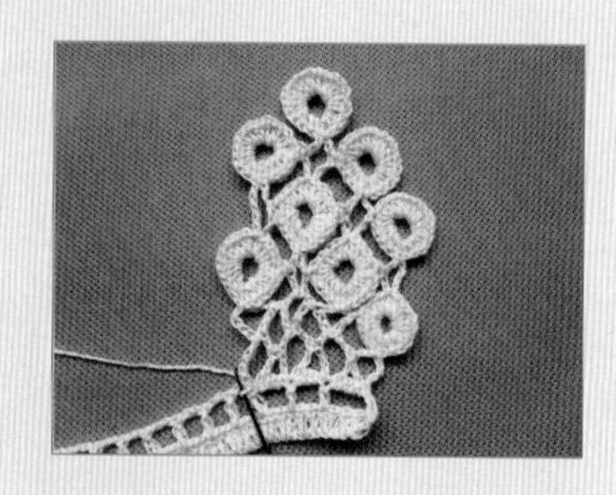

7. 钩第 4 条花朵，第 4 条花朵与第 2 条的花朵等高，每 4 个花朵形成 1 个花样。

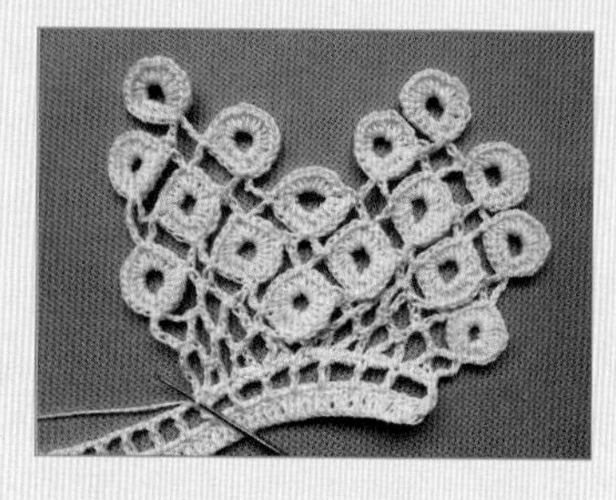

8. 完成 2 个花样的效果，钩好 14 个花样后在把第 1 条的花朵重复钩 1 条完成收边。

9. 整个领饰的完成效果图。

NO.23 领饰的制作方法

1. 用手指绕线围成圈，在圈内钩1针锁针立起、6针短针、1针引拔针、在第1针短针上钩3针锁针，在第2针短针上钩4针长针的松叶针，再钩3针锁针，在第3针短针上钩1针短针，按此方法在1、3、5针短针上钩短针，在2、4、6针短针上钩松叶针，中间用3针锁针连接。

2. 把织片翻过来，在1、3、5针短针上钩短针，中间用4针锁针连接，形成3个渔网针。

3. 在第1个渔网针上钩3针锁针、5针长针、3针锁针、1针短针、3针锁针、5针长针、3针锁针、1针短针。

4. 按步骤3的方法钩完这1圈，完成第1个花朵断线。

5. 按步骤1到步骤4的方法钩2个花朵，第2个花朵在第1个渔网针上钩5针长的松叶针时与第1个花朵用引拔针连接第1个点。

6. 在渔网上钩第2个松叶针时，用引拔针与第1个花朵的连接第2个点。

7. 连接好的2个花朵效果图。

8. 按步骤1到步骤5的方法钩18个相连接的花朵。

9. 按图解（第9页）上的方法钩上面的花样完成整个领饰。

NO.24 领饰的制作方法

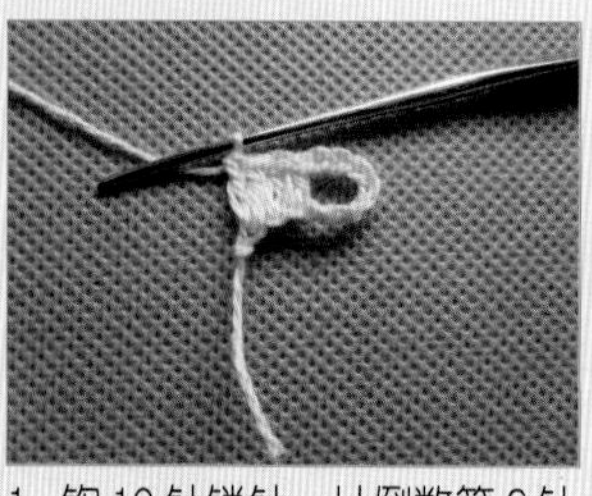

1. 钩10针锁针，从倒数第6针开始钩1针中长针、3针长针。

2. 再钩6针锁针、3针长针、1针中长针。

3. 按步骤2的方法钩8组带有4个小环的织物，再钩3针锁针。

4. 把钩针穿过个前面的4个小环。

5. 用1针短针把所有的小环连接起来。

6. 再钩3针锁针、1针中长针、3针长针，完成1个耳朵花样。

7. 再钩6针锁针、4针长针重复钩4组，外弧有6个小环的效果。

8. 钩第2个耳朵花样钩6针锁针、1针中长针、3针长针的8组。

9. 用同样的方法把4个小环用钩针穿起来钩1针短针、3针锁针、1针中长针、3针长针，完成第2个耳朵花样。

10. 钩6针锁针、4针长针、3针锁针、1针引拔针与前面的小环连接。

11. 钩完6针锁针、4针长针的4组与前面的小环连接后的效果。

12. 按上面的方法完成第3个耳朵花朵。

13. 注意小环的连接。

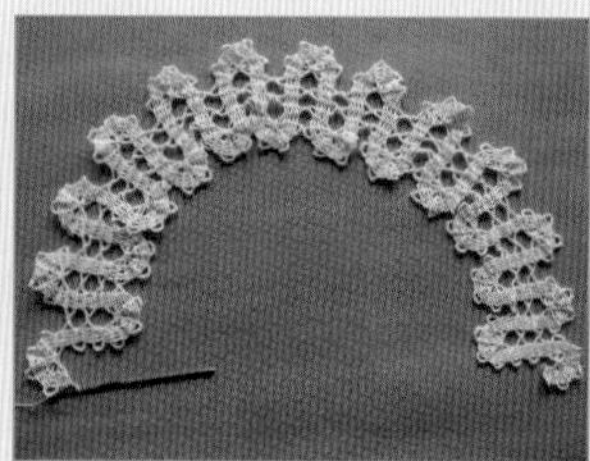

14. 如图钩好13个耳朵花样后按图解（第9页）上的方法钩其他部分。

15. 整个领饰的完成效果图。

NO.30 领饰的制作方法

1. 钩 9 针锁针。

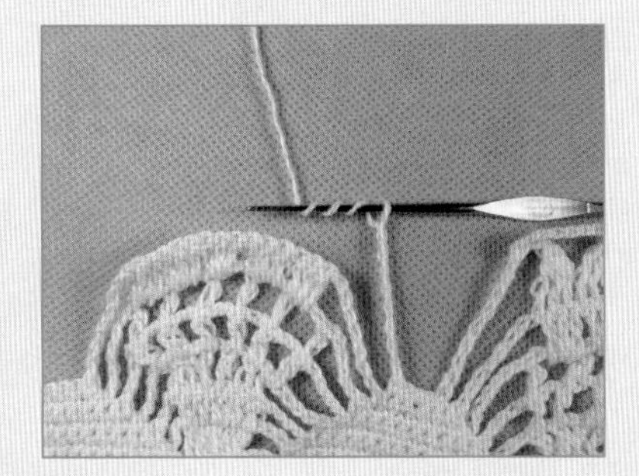

2. 线在钩针上绕 3 次。

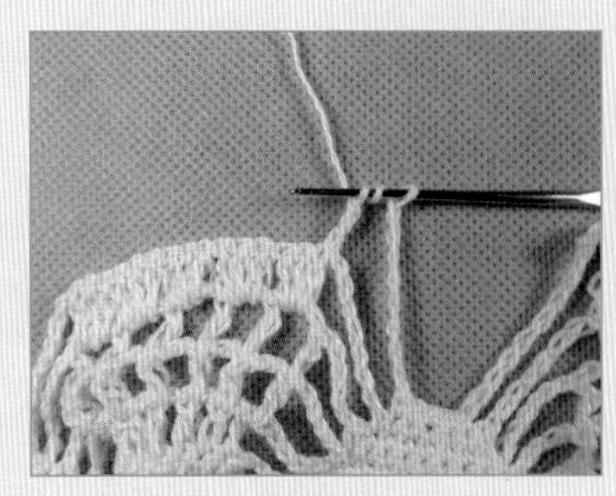

3. 如图钩 1 针长长针。

4. 线在针上绕 2 次。

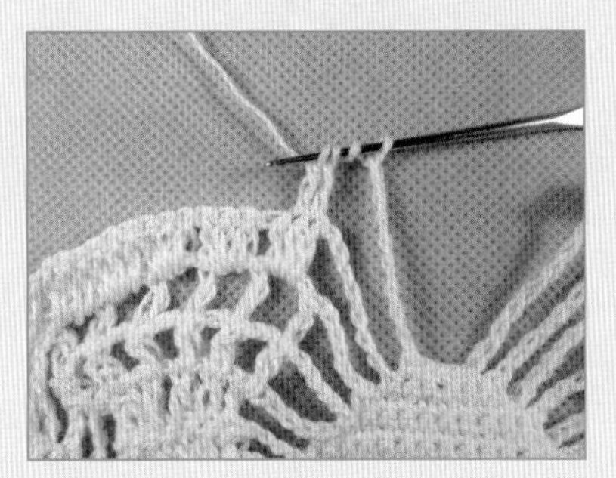

5. 钩第 2 个长长针。

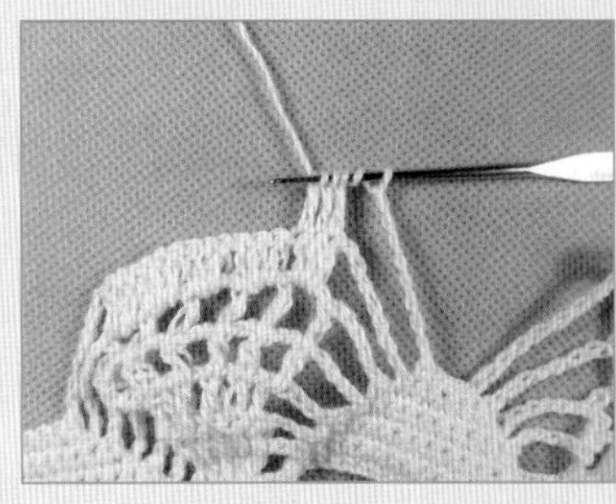

6. 钩第 3 个长长针。

7. 把 3 针长长针并钩成 1 针后钩 1 针长针完成。

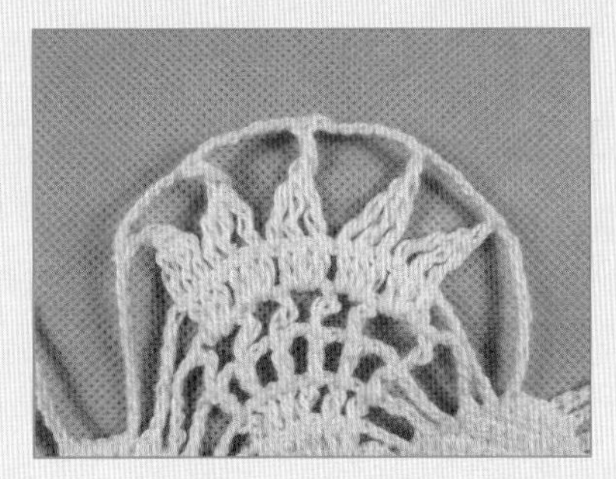

8.1 个花样完成。

9. 整个领饰的完成效果图。

NO.31 领饰的制作方法

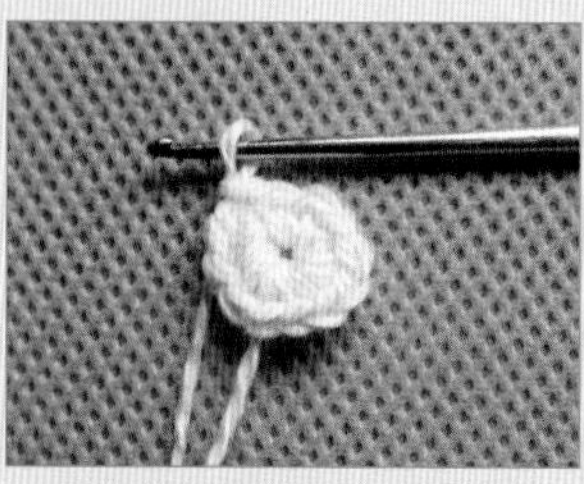

1. 手指绕线围成圈，在圈内钩 1 针锁针立起、12 针短针、1 针引拔首尾相接。

2. 在 12 针短针上钩 1 针短针、3 针锁针的网格 6 个。

3. 在每个网格上钩 1 针短针、1 针中长针、3 针长针、1 针中长针、1 针短针，完成 6 个小花瓣。

4. 在织物的反面钩 1 针短针反浮针、5 针锁针的网络 6 个。

5. 在每个网格上钩 1 针短针、1 针中长针、5 针长针、1 针中长针、1 针短针。

6. 在钩织方向的反方向钩 1 针短针、7 针锁针的网格 6 个，注意最后 1 个网格是 5 针锁针、1 针中长针。

7. 按图解钩 1 个 3 针锁针的狗牙花针、5 针锁针的网格 8 个。

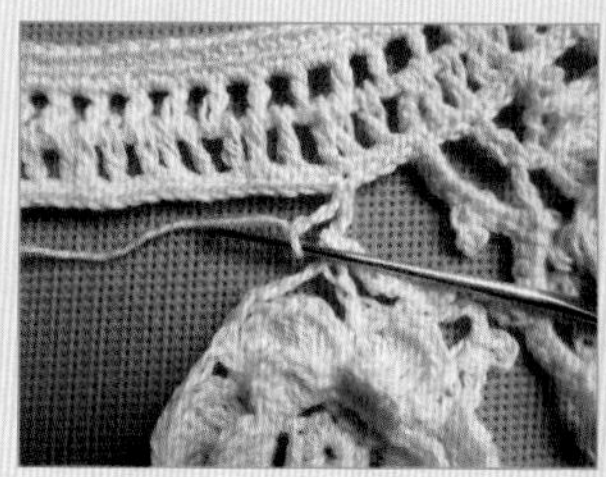

8. 第 8 个狗牙花用 2 针锁针、1 针引拔针钩成，再与钩好的主体相连接，然后再钩 2 针锁针。

9. 4 个狗牙花与主体相连接的效果。

10. 用 1 针长长长针连接主体与花朵。

11. 用 1 针长针连接第 1 个狗牙花。

12. 钩 7 针锁针、1 针短针的网格 8 个，再钩 5 针锁针与主体相连接。

13. 再折回钩短针和狗牙花，狗牙花与上 1 个花朵的狗牙花引拔相连接。

14. 3 个连接点的效果。

15. 结束这 1 圈回到主体，断线，完成 1 个花朵及与主体的连接，按上面方法钩 10 个花朵，注意最后 1 个花朵与第 1 个花朵的连接点。

16. 整个领饰完成效果图。

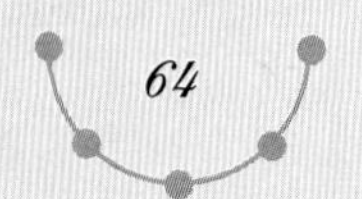

NO.35 领饰的制作方法

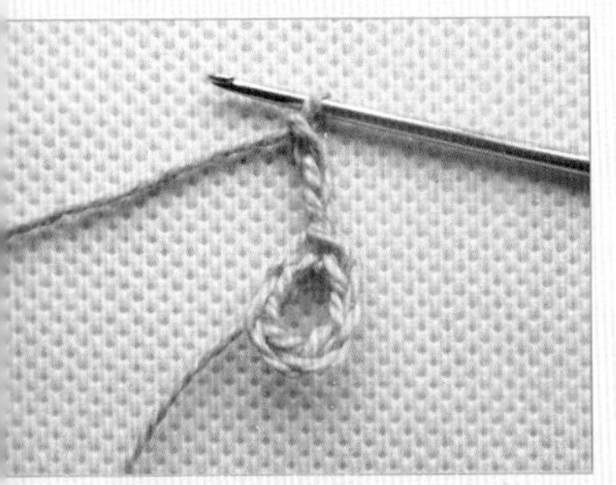

1. 钩 7 针锁针、1 针引拔针围成圈，在圈内钩 3 针锁针立起。

2. 在圈内钩 22 针长针。

3. 钩 3 针锁针立起，然后以 1 针锁针、1 针长针的循环钩第 2 行。

4. 第 3 行在钩 3 针锁针立起后钩 1 针长针。

5. 再钩 3 针锁针立起。

6. 在长针上钩 6 针长针的小花瓣。

7. 在第 2 行的第 6 针位置上用短针把小花瓣连接起来。

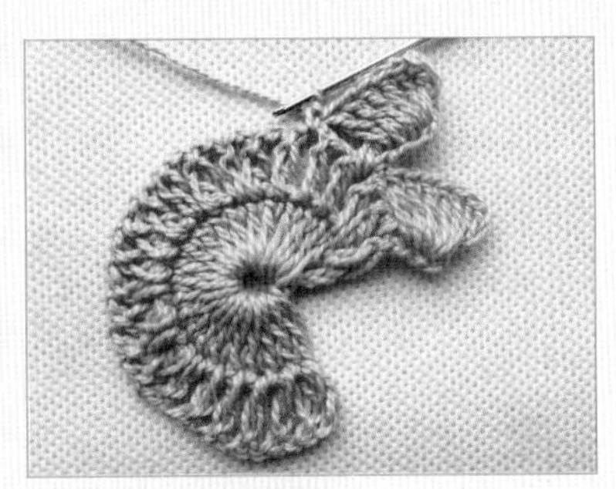

8. 完成第 2 个小花瓣。

9. 同样的方法钩好 9 个小花瓣。

10. 钩 7 针锁针、1 针短针准备钩下一个花朵。

11. 在 7 针锁针的圈内钩 3 针锁针立起、13 针长针。

12. 再钩 3 针锁针立起并与上一个花朵的第 9 个小花瓣连接。

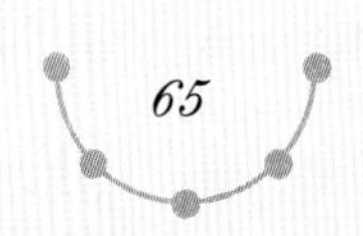

13. 如图循环钩 1 针锁针、1 针长针完成第 2 个花朵的第 2 行。

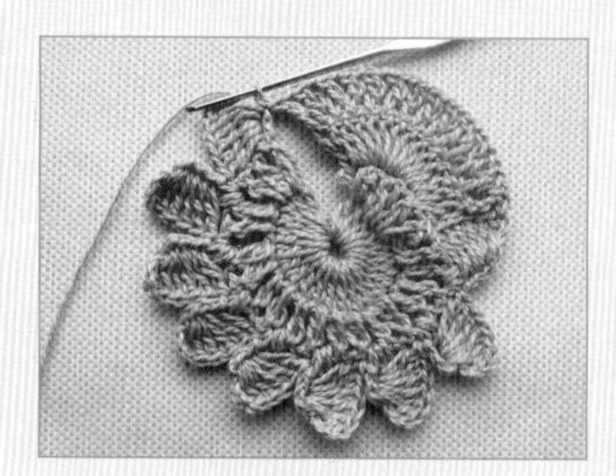

14. 第 2 行钩好后与第 1 个花朵的第 1 个花瓣连接。

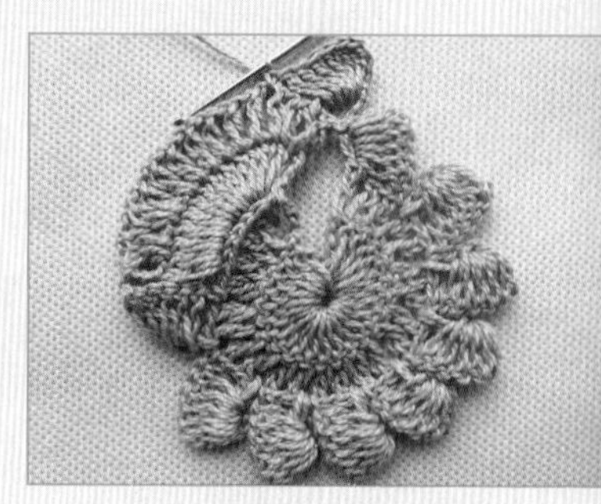

15. 钩 1 个小花瓣。

16. 第 2 个花朵只钩 5 个小花瓣，然后钩 7 针锁针。

17. 钩第 3 个花朵，注意与第 2 个花朵的连接。

18. 与第 1 个花朵的连接。

19. 第 3 个花朵完成。

20. 同样方法钩出领饰所要的长度。

21. 最后 1 个花朵钩 7 个小花瓣。

NO.41 领边的制作方法

1. 将血牙红色线用手指绕线围成圈，在圈内钩 3 针锁针立起、23 针长针、1 针引拔针后断线，换嫩绿色线钩 24 针短针、1 针引拔针。

2. 再钩 3 针锁针的网格 12 个。

3. 按步骤 1 和 2 的方法钩 23 个花芯。

4. 用白色线按图解连接。

5. 钩 2 个完整的白色小花瓣，第 3 个钩一半后钩 3 针锁针连接第 2 个花芯。

6. 将第 1 个花朵与第 2 个花朵的 2 个花瓣的连接。

7. 连接 2 个花芯后准备连接第 3 个花芯。

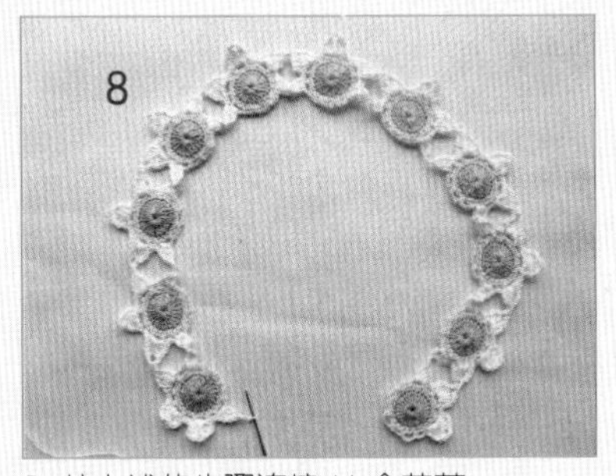

8. 按上述的步骤连接 11 个花芯。

9. 连接第 11 个花芯时将白色小花瓣钩完整。

10. 再折回完成剩下的白色小花瓣。

11.11 个花芯全部连接完成的效果。

12. 开始连接第 2 排花芯。

13. 钩 5 个完整的白色小花瓣。

14. 第 2 排第 2 个花芯的连接。

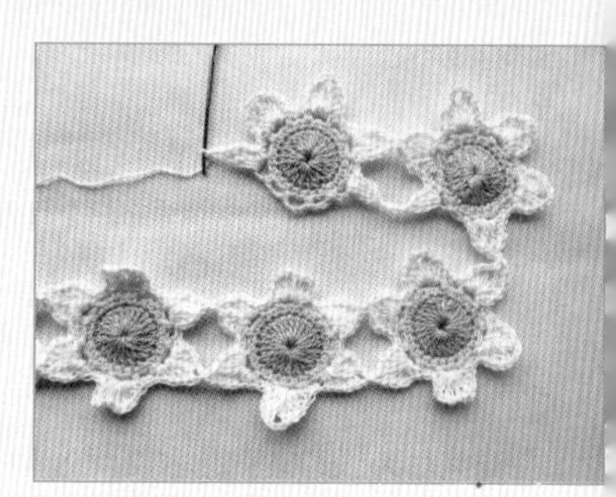

15. 连接好 2 个花芯后准备连接第 3 个花芯。

16. 第 2 排连接 12 个花芯后折回连接剩下的白色小花瓣。

17. 按图解（第 109 页）的方法注意连接的位置。

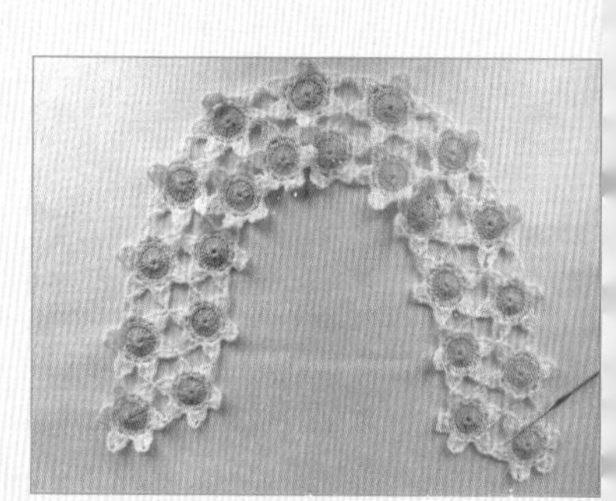

18. 整个领边完成效果图。

NO.1 梦幻公主装饰领

作品效果见第4页

- 材　　　料：5号蕾丝线白色50g　塑料扣子1粒
- 工　　　具：可钩3号钩针
- 成品尺寸：宽12cm　内弧长48cm
- 编织方法：1.用可钩3号钩针钩161针锁针，12针1个花样，排13个花样，加上边针5针，按图解钩14行后断线。
  2.从起头位置接线在锁针上钩1行短针断线。

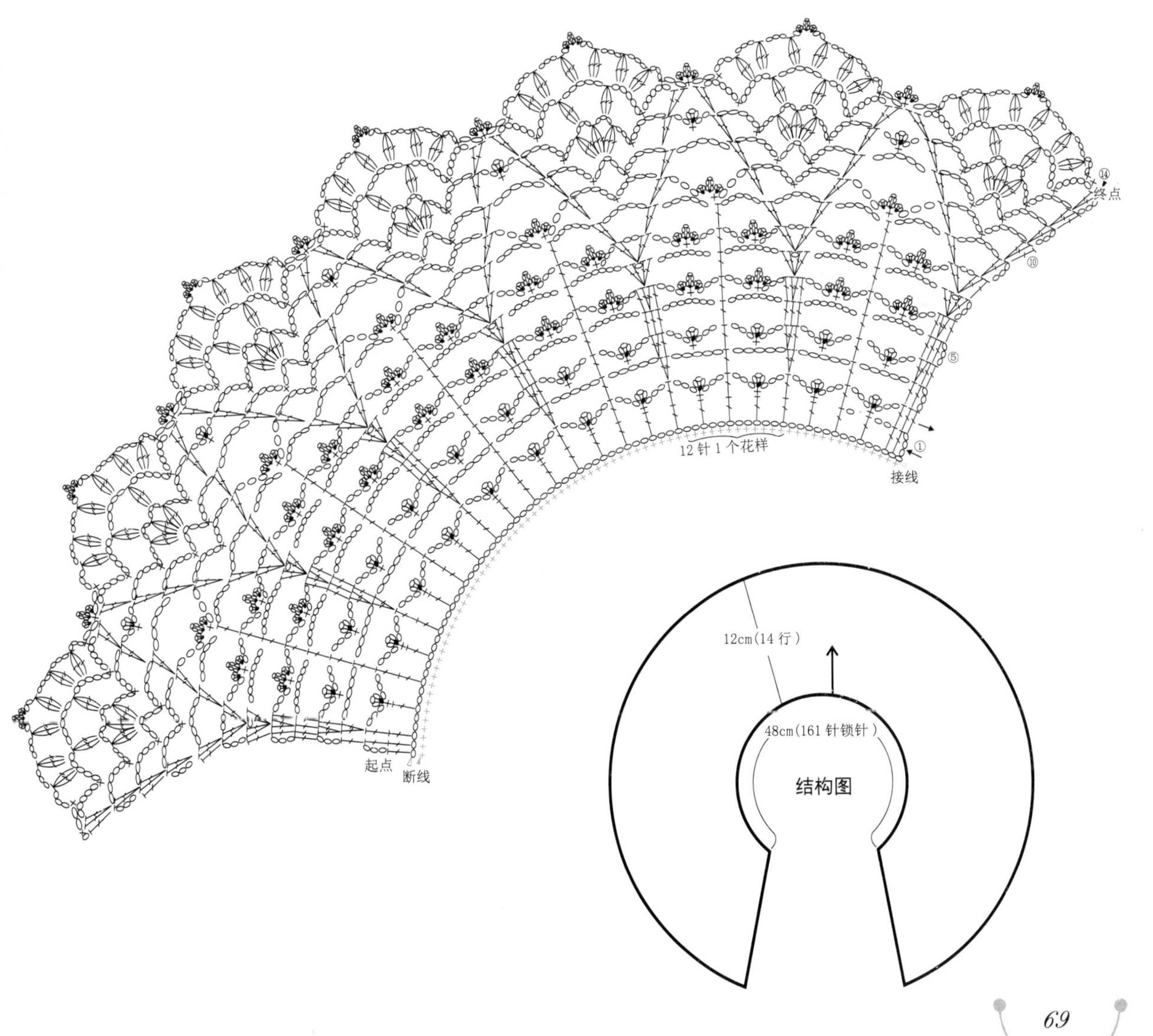

NO.2 百搭系带装饰领

作品效果见第5页

- 材　　料：5号蕾丝线卡其色50g　白色丝带1根
- 工　　具：可钩3号钩针
- 成品尺寸：宽11cm　内弧长50cm
- 编织方法：1.用可钩3号钩针钩145针锁针，18针1个花样，钩8个花样加上1针边针。
  2.按图解钩到第10行断线。
  3.在锁针处另接线钩1行3针锁针的小花边断线。
  4.剪1段长110cm、宽1.5cm的丝带，按图解的方式穿在第1行的长针上。

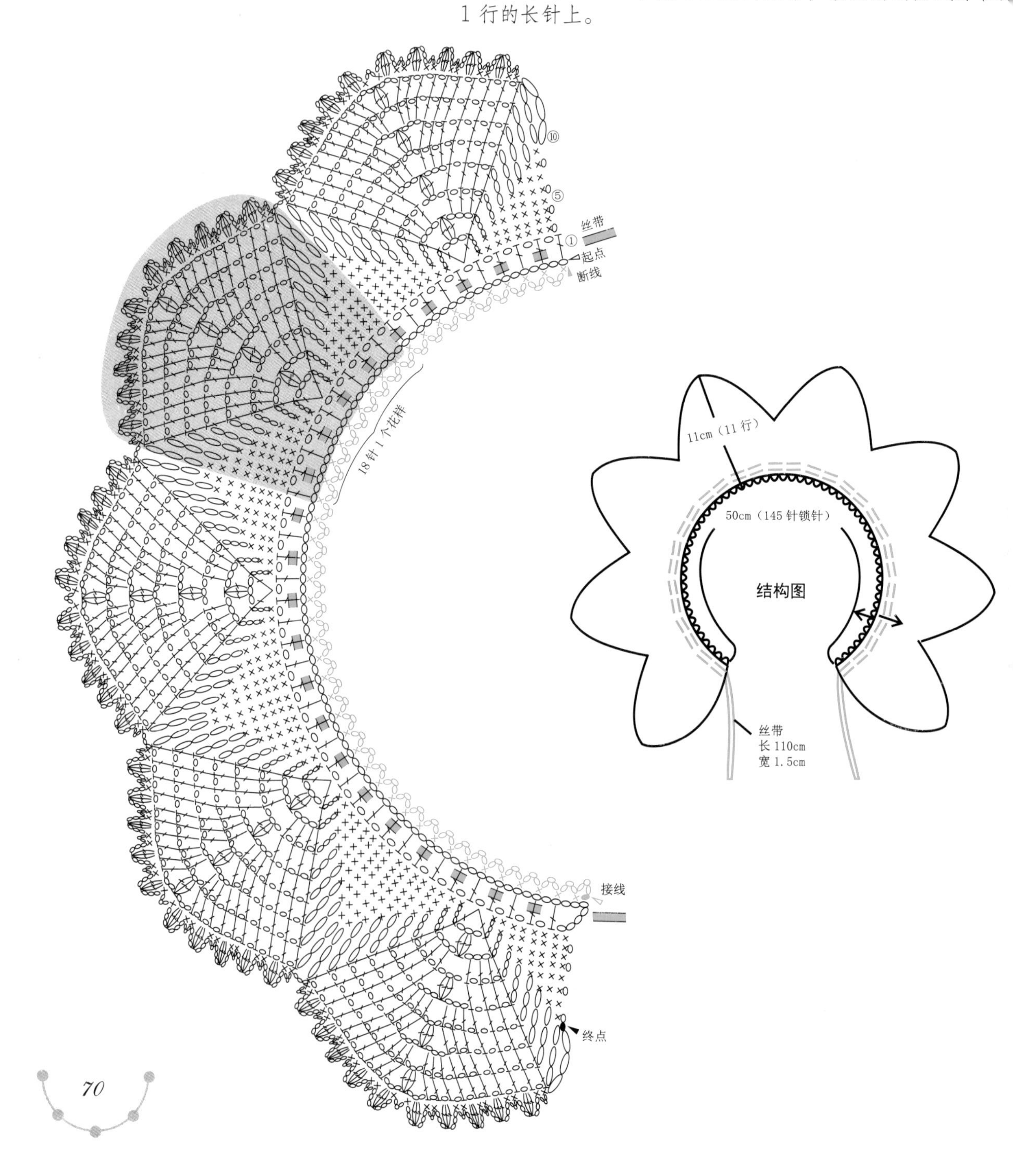

NO.3 双层花边装饰领

作品效果见第6页

- **材　　料：** 5号蕾丝线嫩绿色50g
- **工　　具：** 可钩3号钩针
- **成品尺寸：** 宽9cm　内弧长60cm
- **编织方法：** 1. 用可钩3号钩针钩193针锁针，16针1个花样，排12个花样，加上1针边针共193针锁针。
  2. 按图解钩完第9行花样完成第1层花瓣，断线。
  3. 按图解的指示从第4行花样上另接线钩第2层花瓣。
  4. 钩带子，先起针钩100针锁针再钩1朵小花完成后，引拔钩完100针锁针。再在领边的锁针上钩短针，钩完短针后钩100针锁针和小花，引拔完这100针锁针后断线完成。

NO.4 浪漫邂逅装饰领

作品效果见第8页

- 材　　料：5号蕾丝线血牙红色55g 塑料小扣子1粒
- 工　　具：可钩3号钩针
- 成品尺寸：宽12cm 内弧长48cm
- 编织方法：1.用可钩3号钩针钩165针锁针，16针1个花样，排10个花样，加上5针锁针的边针。
  2.按图解钩至第10行后，其他9个花样暂停，先钩第1个花样，再按图解上的接线位置接线钩2个花样，按此方法钩完所有的花样。
  3.在锁针起针处接线钩4行内弧花样，第4行围绕整个领边花钩1圈花样。
  4.缝上1粒塑料小扣子，完成。

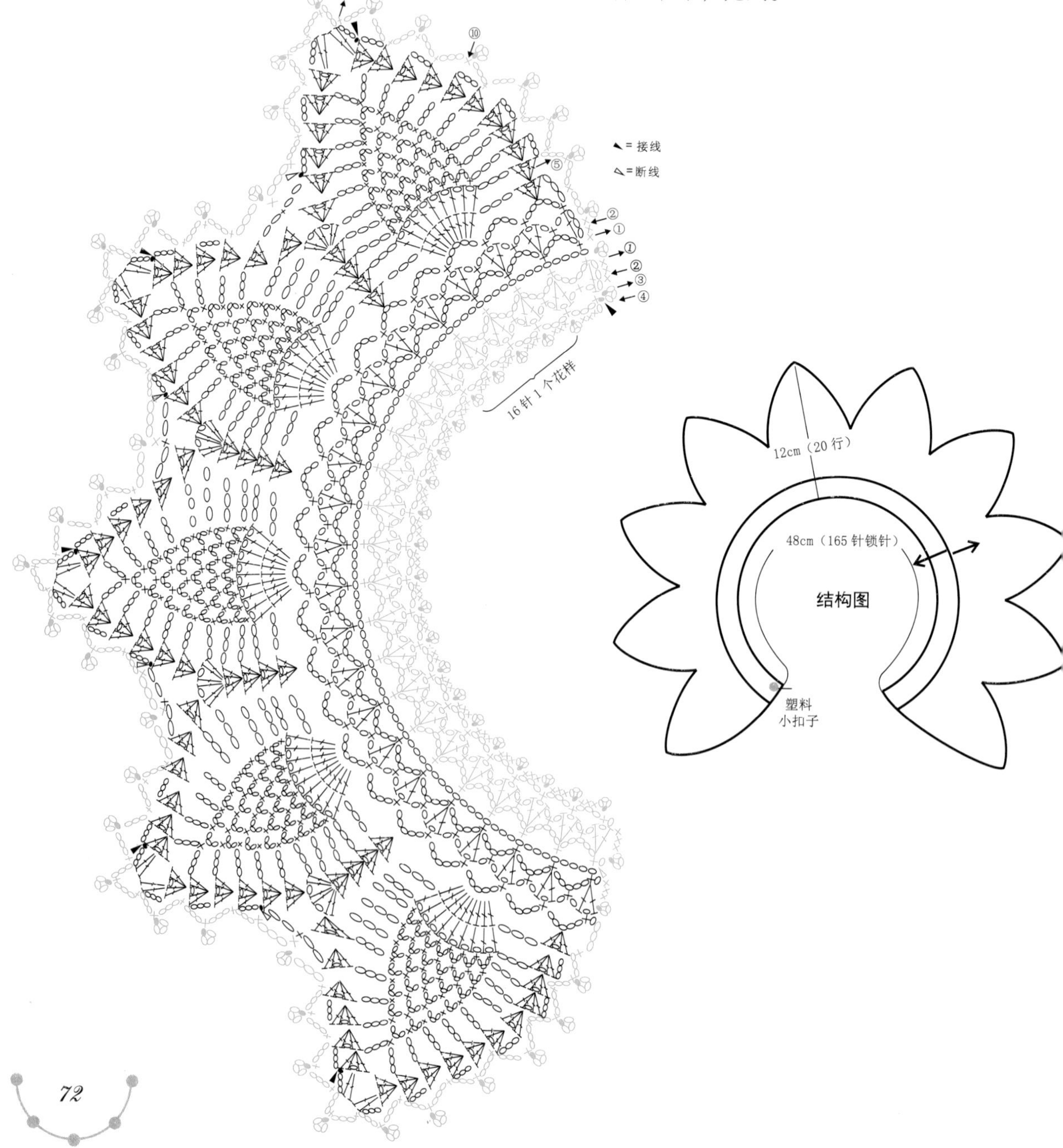

NO.5 甜蜜午后装饰领

作品效果见第9页

- 材　　料：5号蕾丝线果绿色45g　塑料小扣子1粒
- 工　　具：可钩3号钩针
- 成品尺寸：宽10cm　内弧长48cm
- 编织方法：1.用可钩3号钩针钩10针锁针围成圈后钩单元花，用一线连的方法钩9朵不完整的单元花后，再把所有的单元花钩完整。
  2.按图解钩内弧边4行。
  3.缝上1粒塑料小扣子，完成。

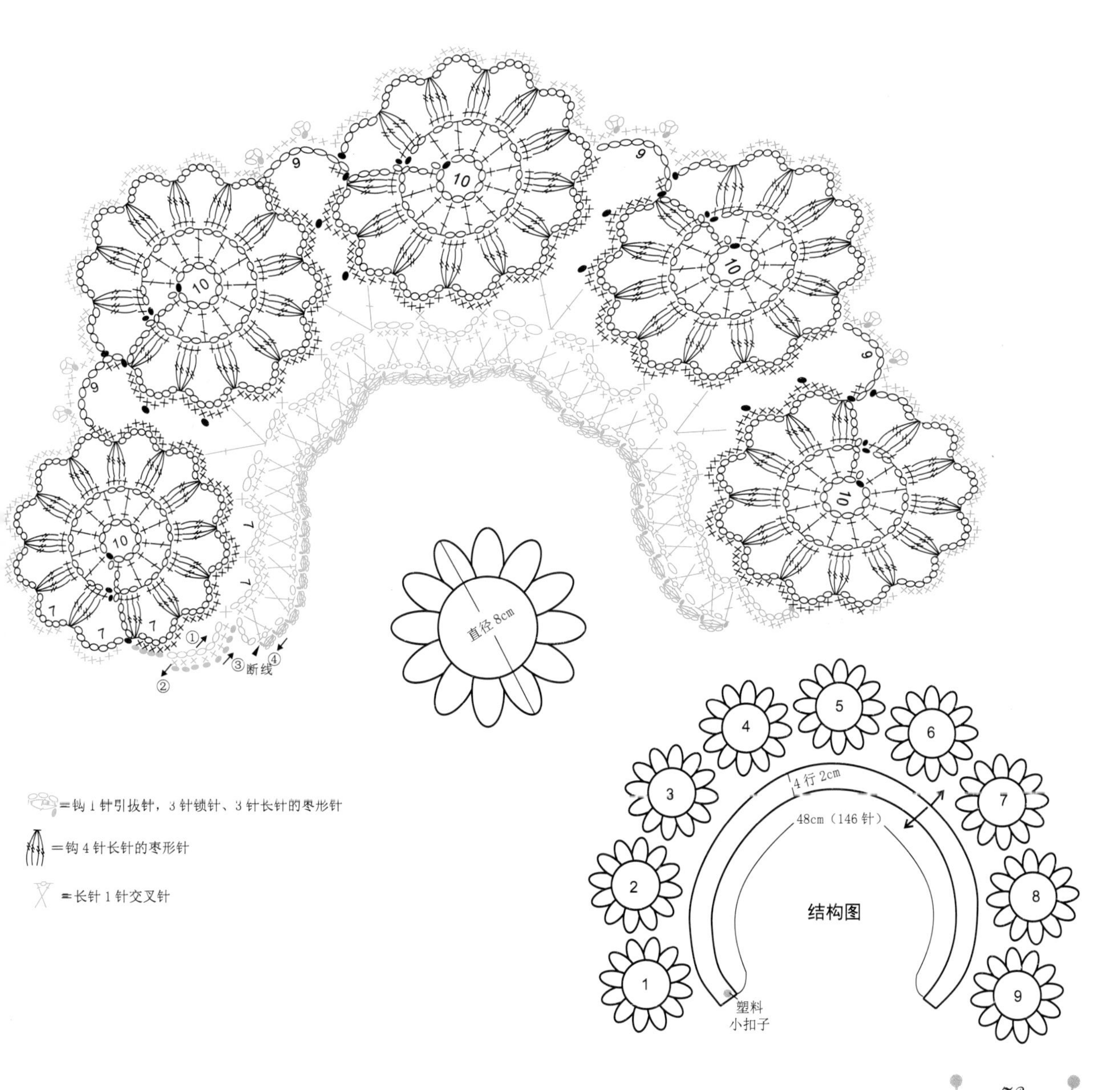

NO.6 英伦风情装饰领

作品效果见第10页

- 材　　料：5号蕾丝线白色55g　塑料小扣子1粒
- 工　　具：可钩3号钩针
- 成品尺寸：宽7.5cm　内弧长56cm
- 编织方法：1. 用3号钩针钩192针锁针，3针1个小花样。
  2. 按图解钩12行，第13行是围绕整个花样钩1圈短针和狗牙针的组合花样。

*花样钩法按图解，
针数按标示数字为准。

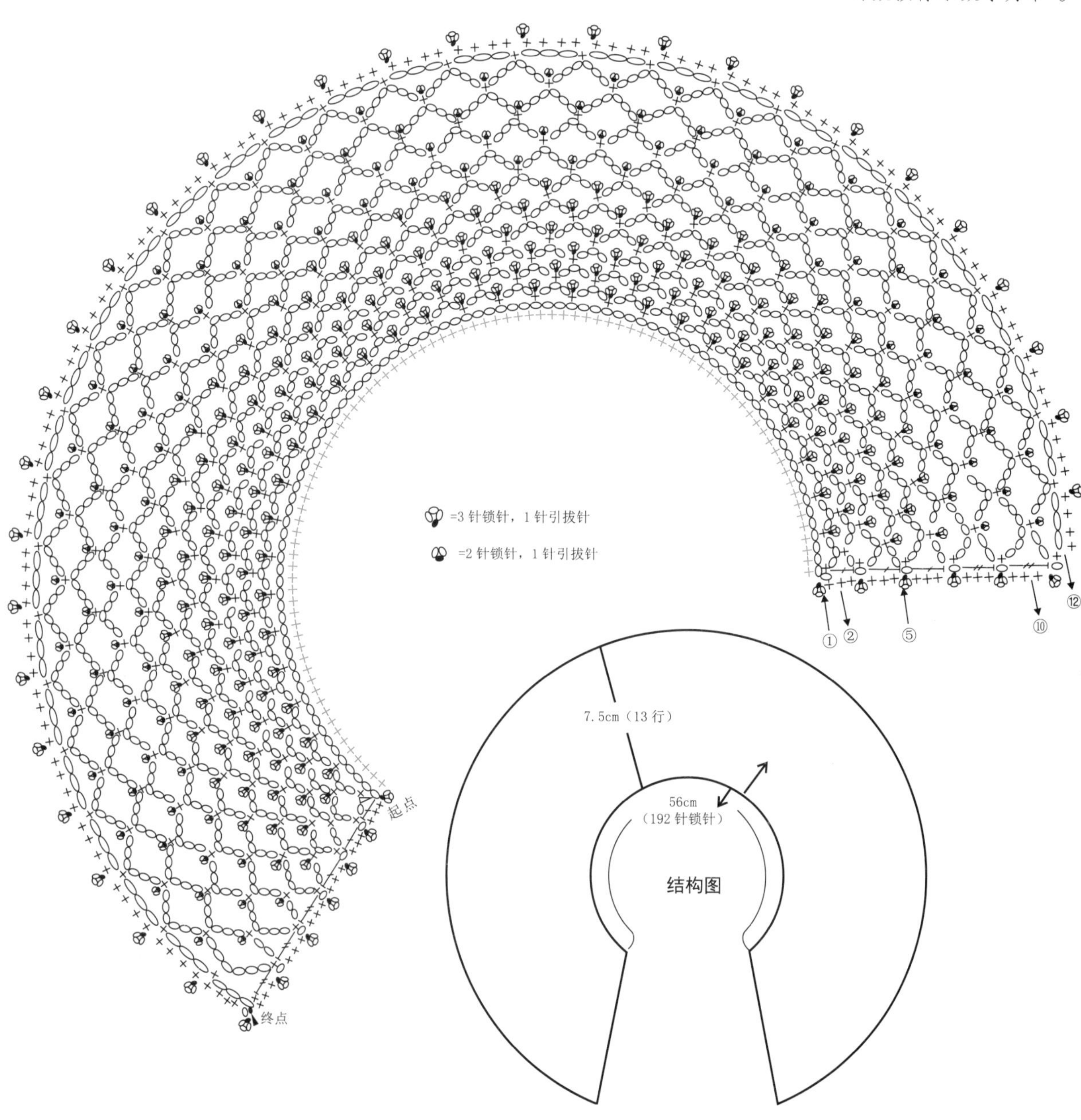

NO.7 创意镂空装饰领

作品效果见第11页

- 材　　料：5号蕾丝线白色35g
- 工　　具：可钩3号钩针
- 成品尺寸：宽5.5cm　内弧长60cm
- 编织方法：1.用可钩3号钩针钩241针锁针，24针1个花样，排10个花样，1针边针。
  2.按图解钩4行后在内侧钩1圈短针，完成。

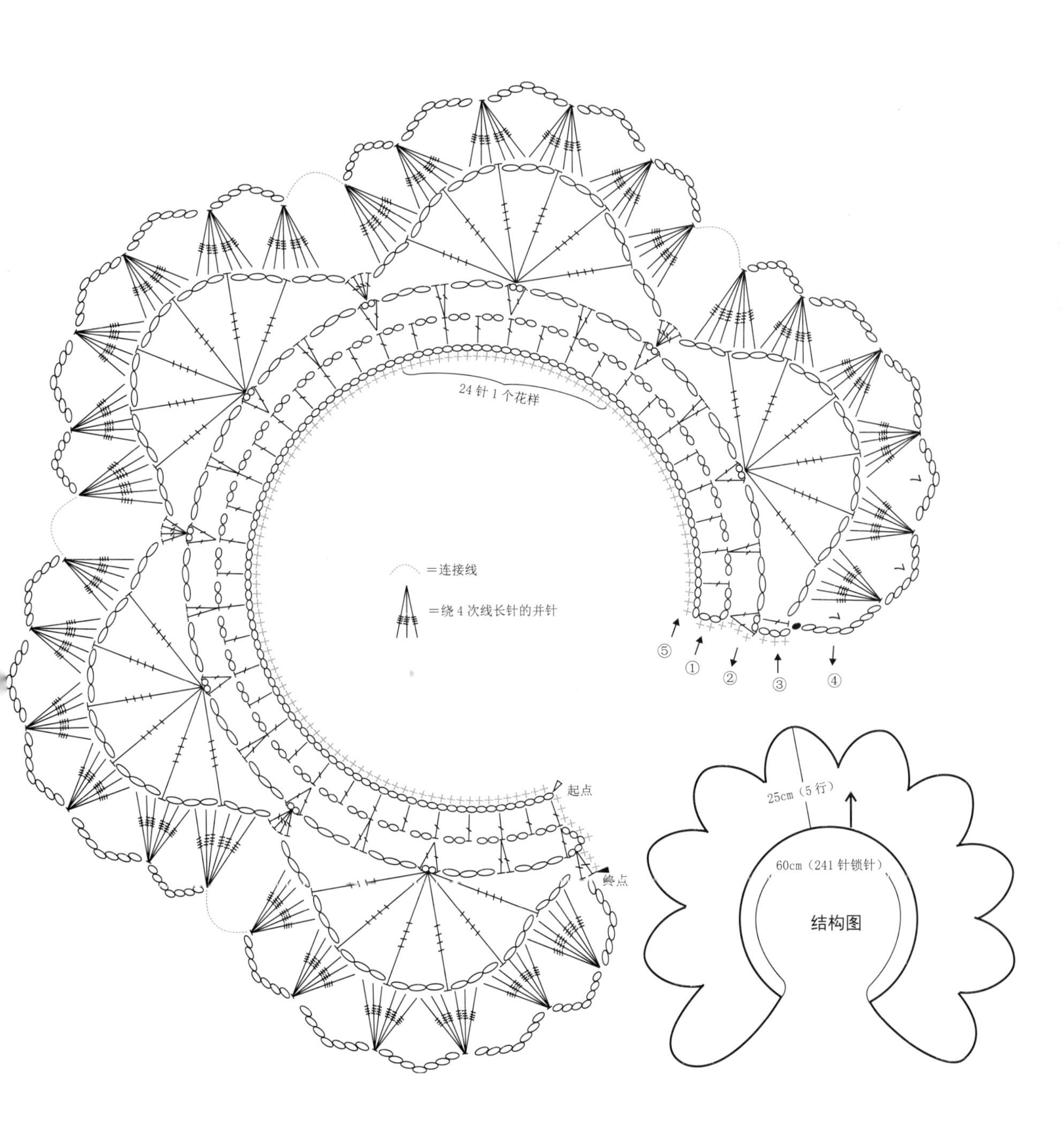

NO.8 花样少女装饰领

作品效果见第12页

- 材　　料：5号蕾丝线白色70g
- 工　　具：可钩3号钩针
- 成品尺寸：宽12cm　内弧长48cm
- 编织方法：1.用可钩3号钩针钩180针锁针，14针1个花样，排11个花样，两边边针各13针。
  2.按图解钩15行完成。

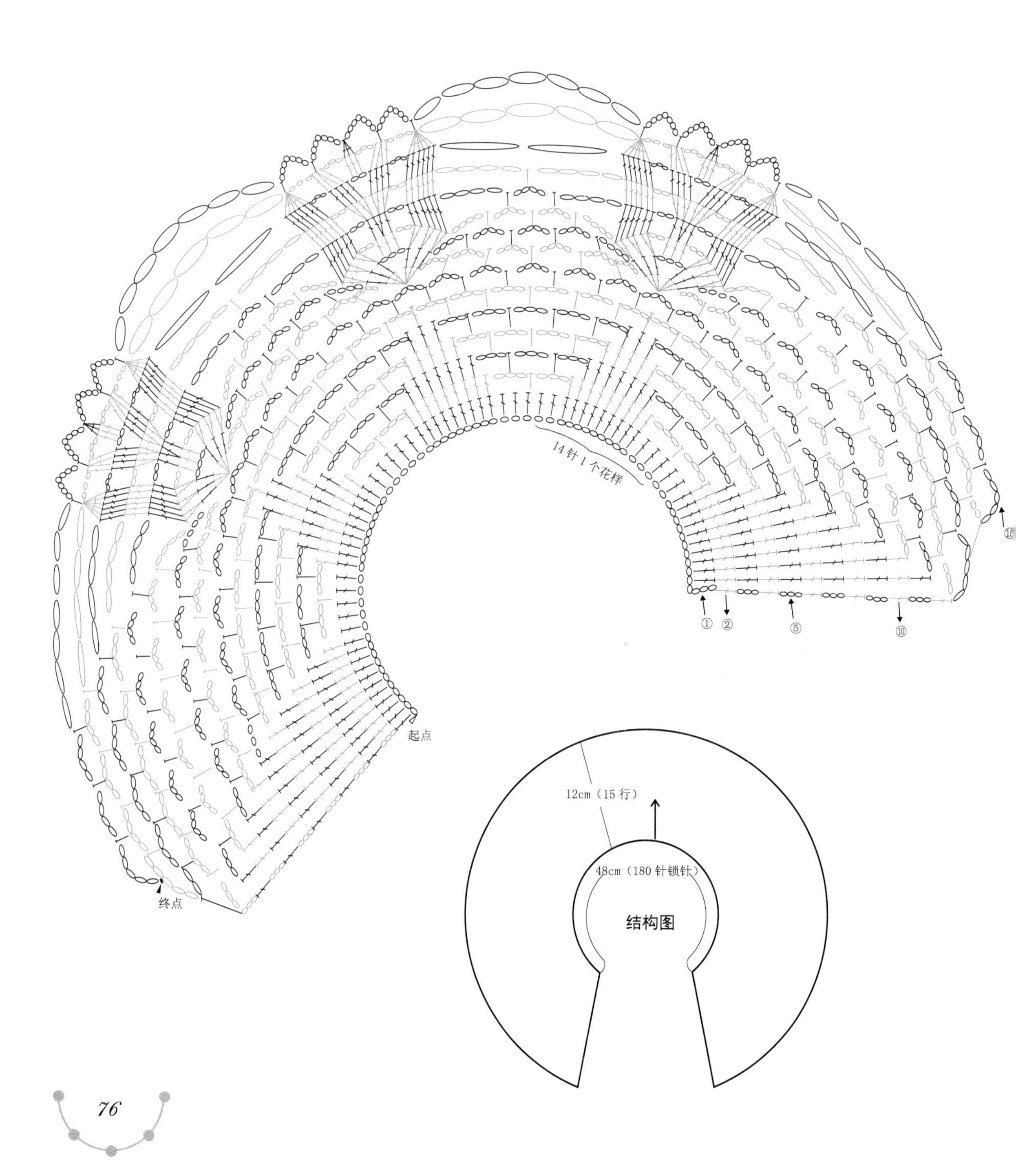

NO.9 别致小花装饰领

作品效果见第14页

- 材　　料：5号蕾丝线浅粉红色55g
  塑料小扣子1粒
- 工　　具：可钩3号钩针
- 成品尺寸：宽8.5cm　内弧长44cm
- 编织方法：1.用可钩3号钩针钩3针锁针、1针引拔针围成圈，在圈内钩4针锁针、2针长长针、4针锁针、1针引拔针的珠针花瓣2个，再钩1个不完整的珠针花瓣后钩10针锁针，从倒数第6针处引拔1针围成圈开始钩第2个不完整的小花朵。
  2.3个小花朵形成1组花样，所以钩花朵要钩3的倍数。
  3.按图解补充好所有的小花朵后断线。
  4.按图上所示重新接线钩1针短针、4针锁针。在4针锁针上钩4针长针，最后钩6针锁针、1针引拔针的扣眼断线。
  5.缝合上塑料小扣子，完成。

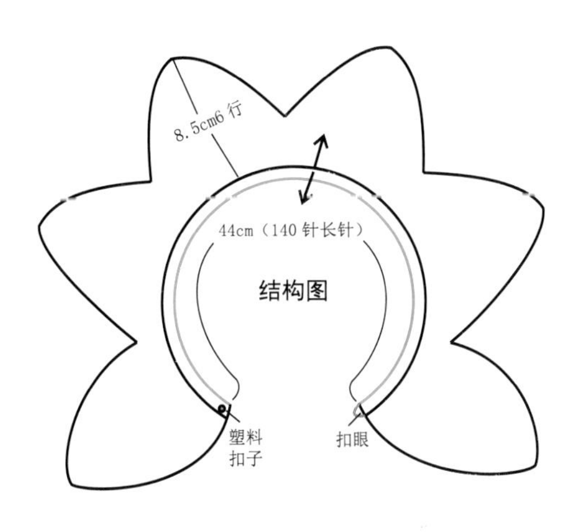

NO.10 独家记忆装饰领

作品效果见第15页

- 材　　料：5号蕾丝线白色60g
- 工　　具：可钩3号钩针
- 成品尺寸：宽8.5cm　内弧长60cm
- 编织方法：1. 用可钩3号钩针钩8针锁针、1针引拔针围成圈，在圈内钩4针锁针、4个长长针的松叶针，再钩5针锁针后钩5个长长针的松叶针。
2. 钩15针锁针，在倒数第8针处引拔1针围成圈，在倒数第9到12针处引拔4针后开始钩第2个不完整的小花朵。
3. 按图解钩好20个小花朵后，钩完4行鱼网针后钩1行花边断线。
4. 按图解提示重新接线钩内弧的短针加狗牙针花边。

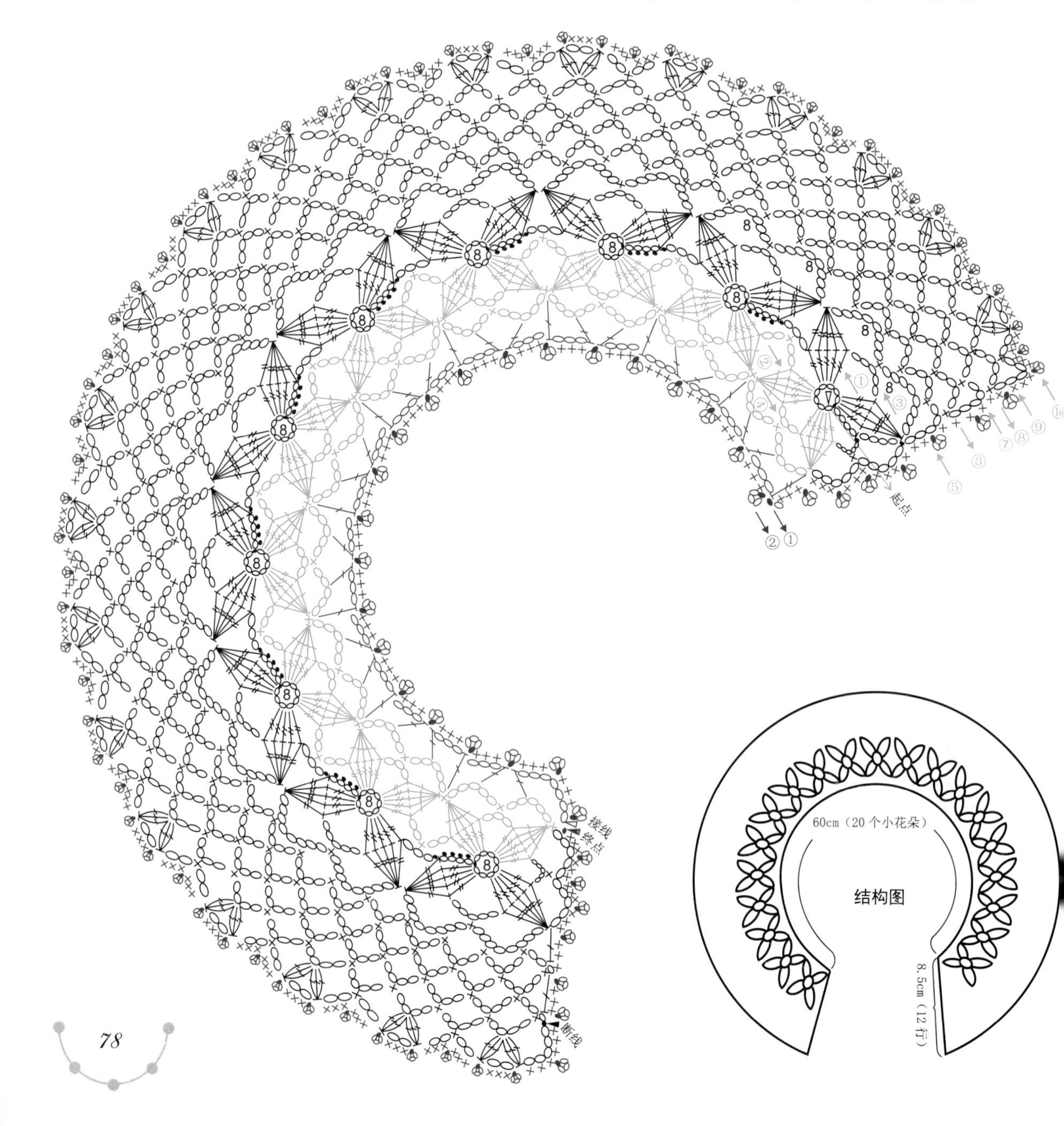

NO.11 菱形拼接装饰领

作品效果见第16页

- 材　　料：5号蕾丝线白色60g
- 工　　具：可钩3号钩针
- 成品尺寸：宽12cm　内弧长45cm
- 编织方法：1.用可钩3号钩针钩160针锁针，23针1个花样，排7个花样。
  2.按图解钩完第8行后，从第9行到第16行钩完第1个花样后断线，继续钩第2个花样，按图解提示从第8行上重新接线钩，按此方法钩完7个花样。
  3.在起针的锁针上钩短针，完成。

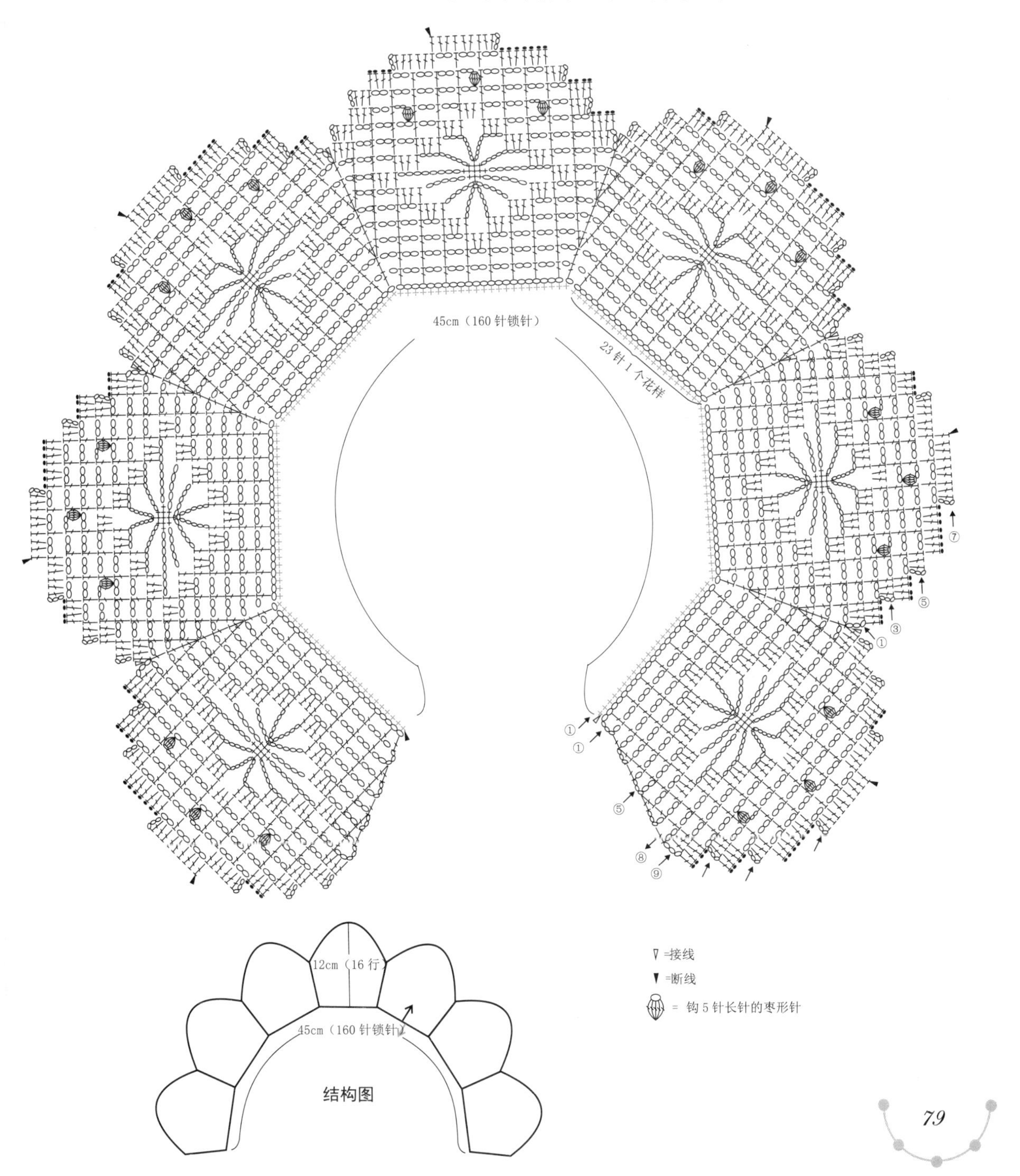

NO.12 甜美田园装饰领

作品效果见第17页

- **材　　料：** 5号蕾丝线果绿色50g
- **工　　具：** 可钩3号钩针
- **成品尺寸：** 宽8cm　内弧长50cm
- **编织方法：** 1. 用可钩 3 号钩针钩 184 针锁针，4 针 1 个花样，加上两边各 2 针边针。
  2. 按图解钩 7 行后再钩 1 针短针完成。

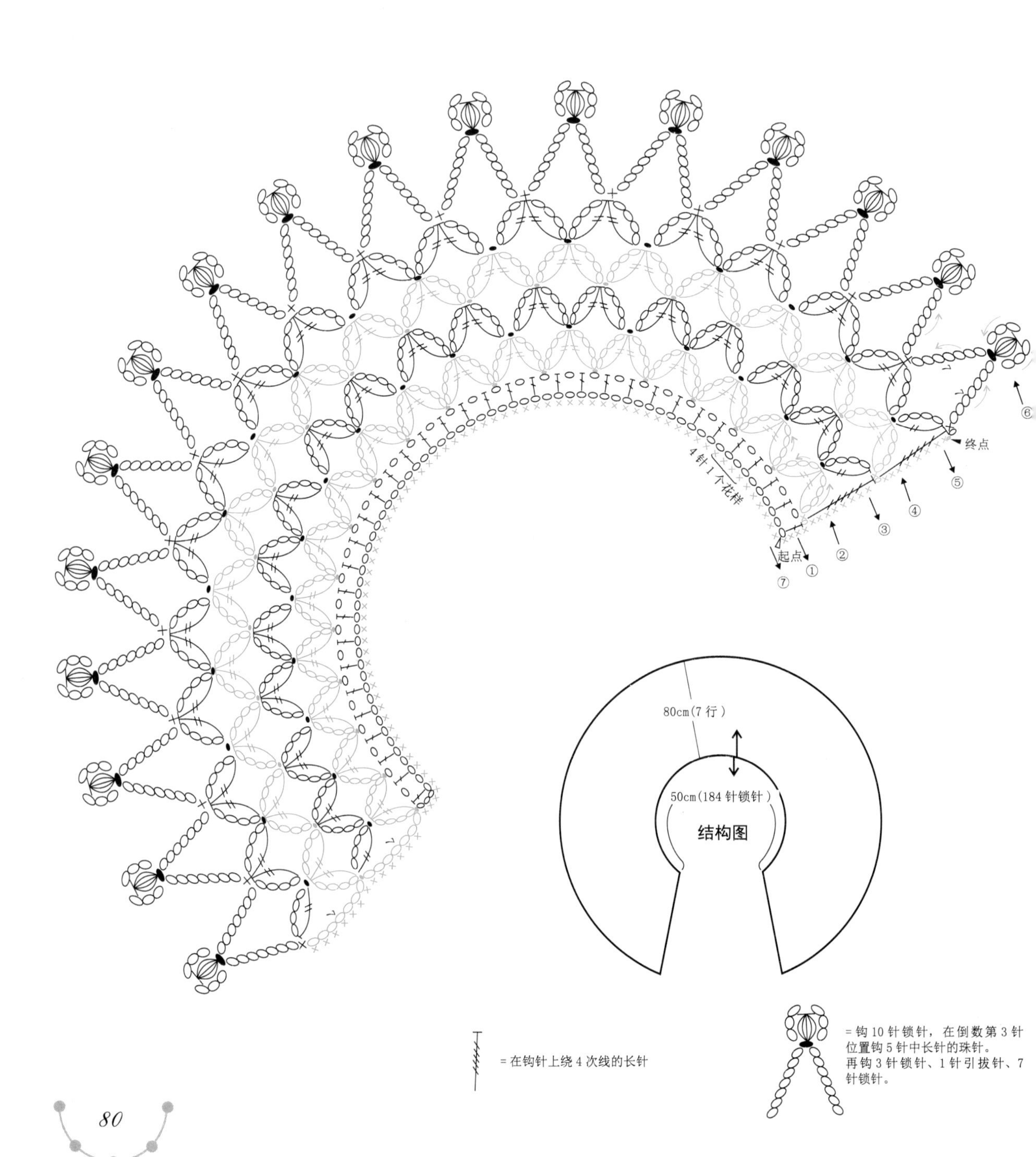

NO.13 文艺气质装饰领

作品效果见第18页

- **材　　料：** 5号蕾丝线白色80g　塑料扣子1粒
- **工　　具：** 可钩3号钩针
- **成品尺寸：** 宽10cm　内弧长50cm
- **编织方法：** 1. 用可钩 3 号钩针钩 169 针锁针，12 针 1 个花样，钩 14 个花样，加 1 针边针。
  2. 按图解钩好前面 2 行后，第 3 行的详细钩法见步骤图。
  3. 钩完所有的花样后，最后钩 2 针引拔针、5 针锁针的扣眼，缝合上塑料扣子，完成。

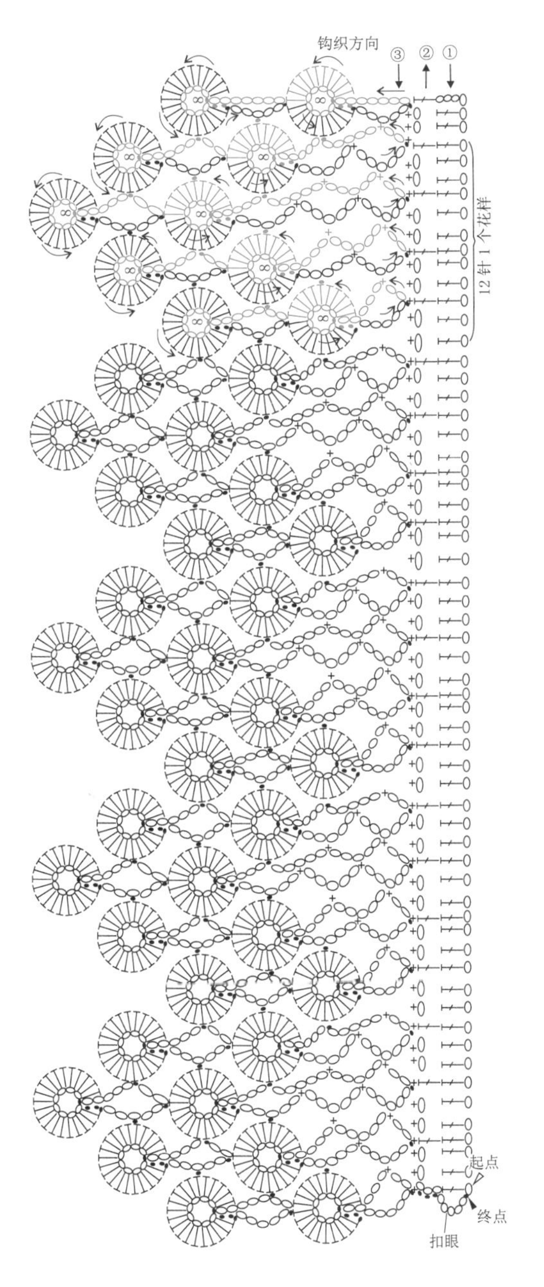

10cm(3段)

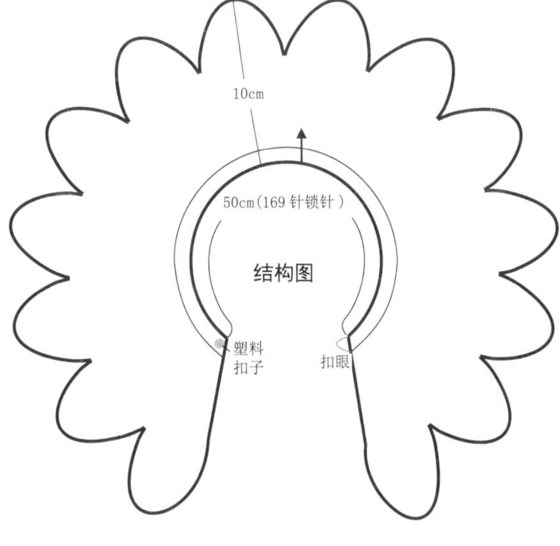

NO.14 青涩年华装饰领

作品效果见第20页

- 材　　料：5号蕾丝线金色40g
- 工　　具：可钩3号钩针
- 成品尺寸：宽6.5cm　内弧长42cm
- 编织方法：1.用可钩3号钩针钩145针锁针，16针1个花样，排9个花样，加1针边针。
  2.按图解提示钩8行完成。

NO.15 立体花朵装饰领

作品效果见第21页

- **材　　料：** 5号蕾丝线浅蓝色65g
- **工　　具：** 可钩3号钩针　缝衣针1根
- **成品尺寸：** 宽6.5cm　内弧长48cm
- **编织方法：** 1.用可钩3号钩针钩160针锁针，3针1个小花样，加上1针边针。
  2.按主体花样钩13行完成主体花。
  3.按叶子图解钩6片叶子。
  4.用手指绕线围成圈，在圈内钩1针短针、6针锁针、1针短针，重复6次，按花朵图解钩2个花朵。
  5.按结构图的提示把叶子和花朵分别用缝衣针缝合到主体花上，完成。

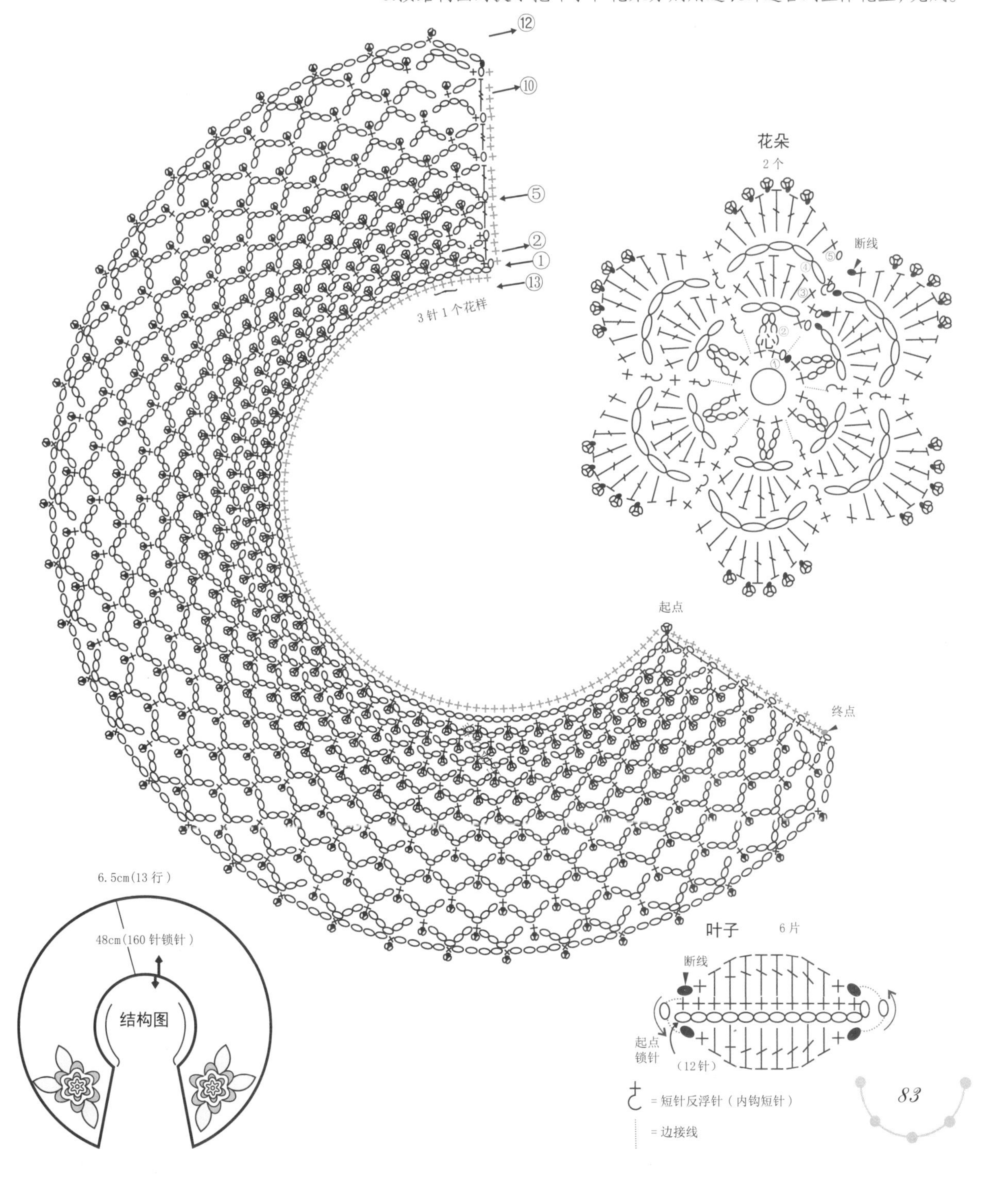

NO.16 曼妙精灵装饰领

作品效果见第22页

- 材　　料：5号蕾丝线白色85g
- 工　　具：可钩3号钩针
- 成品尺寸：宽16cm　内弧长44cm
- 编织方法：1.用可钩3号钩针钩154针锁针，17针1个花样，排9个花样，加1针边针。
  2.按图解钩至11行后，从第2个花样开始从第11行重新接线钩花样。
  3.重复操作钩完所有的花样，完成。

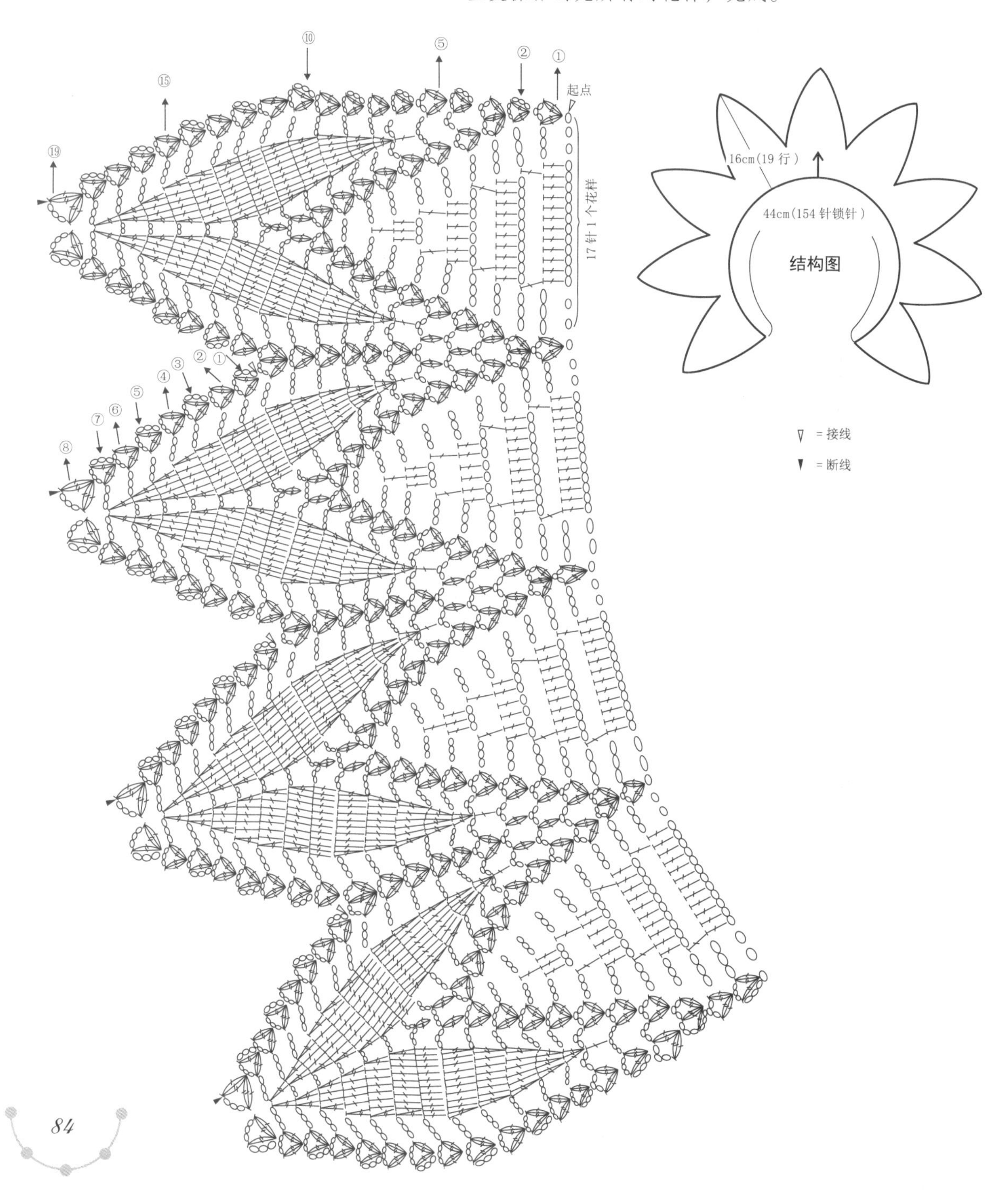

NO.17 花与爱丽丝装饰领

作品效果见第23页

- **材　　　料：** 5号蕾丝线白色100g　塑料珠子17粒
- **工　　　具：** 可钩3号钩针
- **成品尺寸：** 宽11cm　内弧长44cm
- **编织方法：** 1.用可钩3号钩针钩145针锁针。24针1个花样，排6个花样，加1针边针。
  2.按主体图解钩完16行后钩1圈短针和狗牙针。
  3.按花朵图解钩17个立体小花朵。
  4.把花朵按结构图提示缝合在主体花边上，完成。

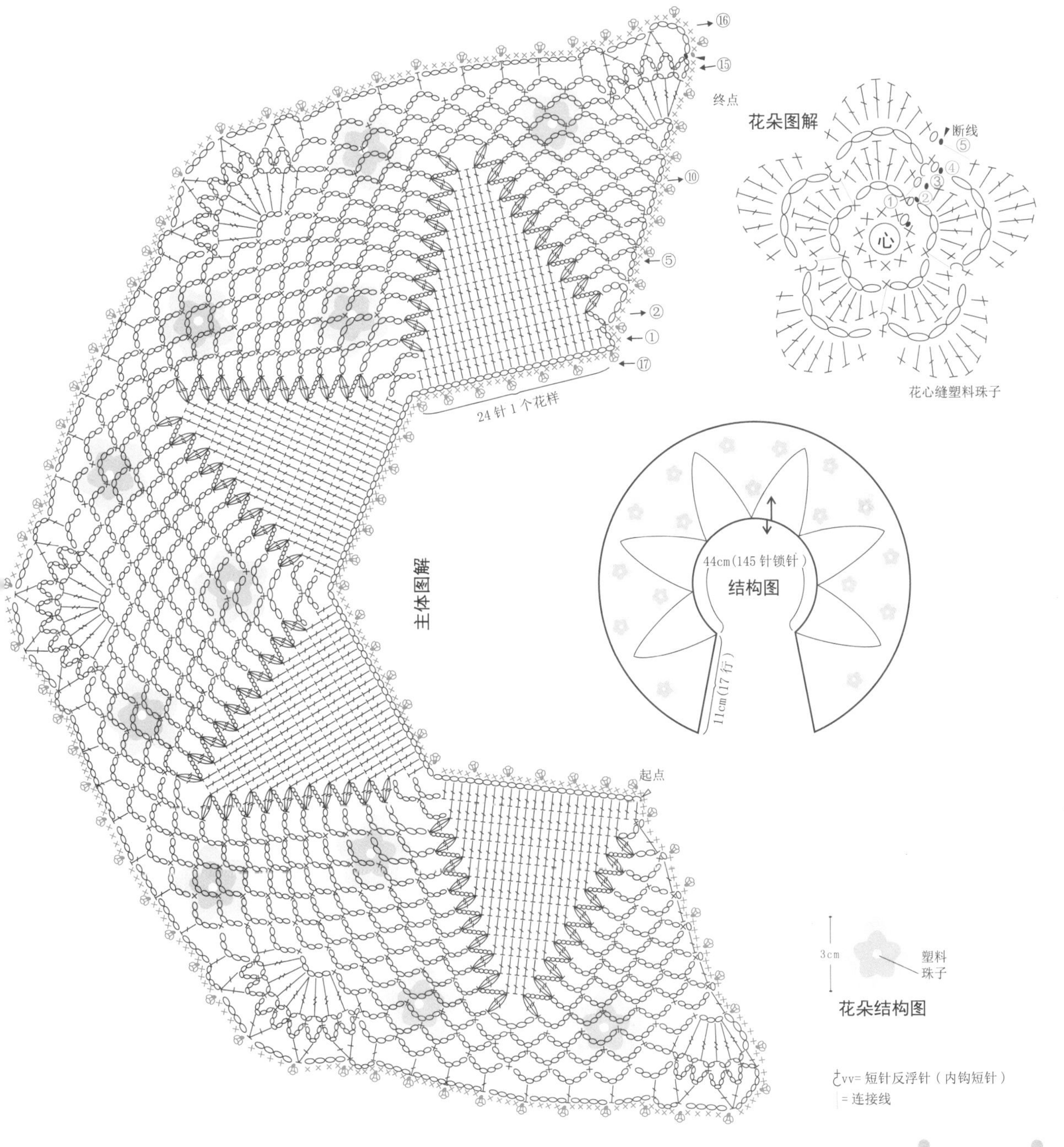

NO.18 荷叶边系带装饰领

作品效果见第24页

- 材　　料：5号蕾丝线白色30g
- 工　　具：可钩3号钩针
- 成品尺寸：宽5.5cm　内弧长44cm
- 编织方法：1.用可钩3号钩145针锁针，8针1个花样，排18个花样，加钩1针边针。
  2.按图解钩完6行后钩带子和第7行狗牙边。

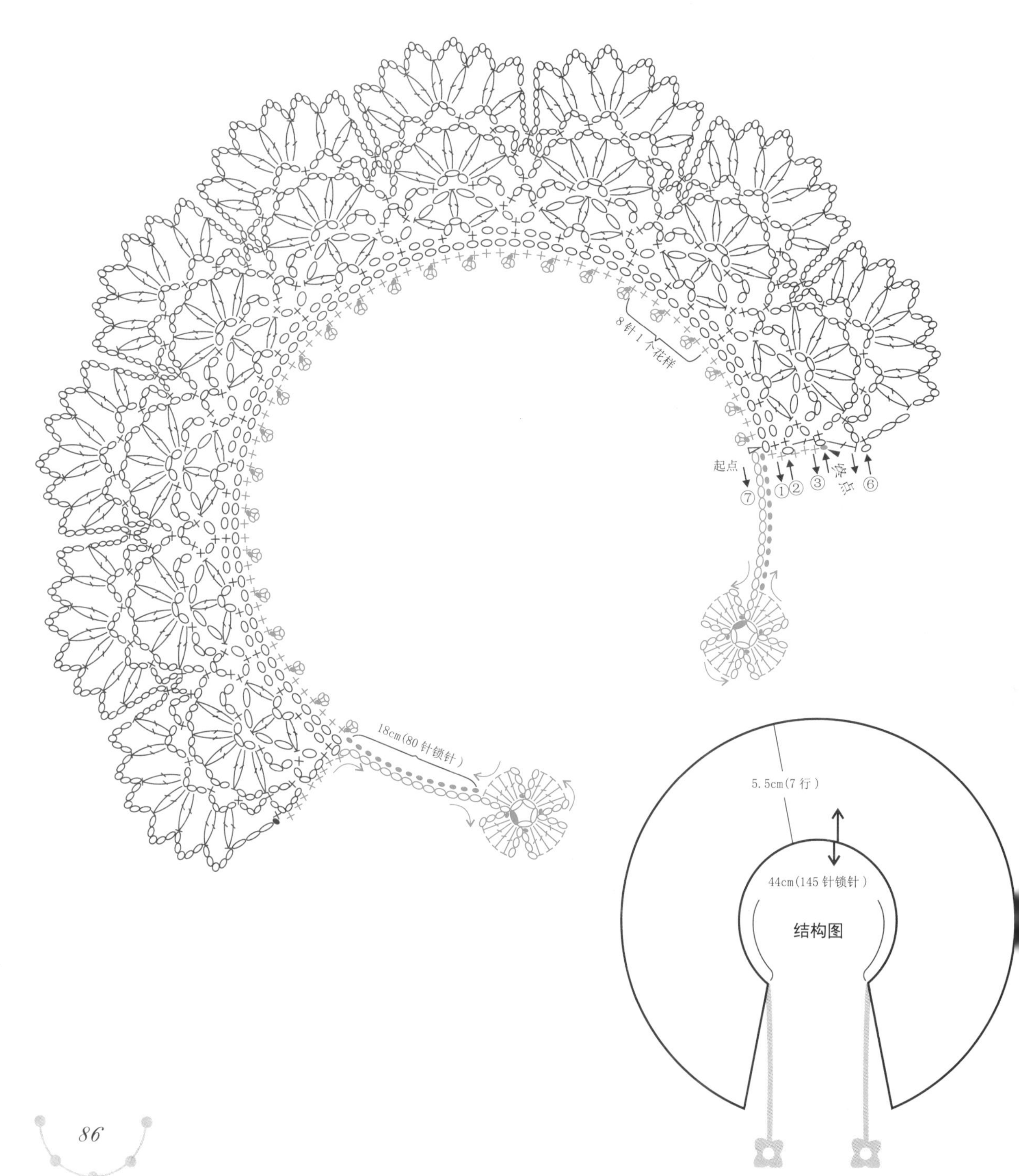

NO.19 小家碧玉装饰领

作品效果见第25页

- **材　　料：** 5号蕾丝线白色40g
- **工　　具：** 可钩3号钩针
- **成品尺寸：** 宽8cm　内弧长45cm
- **编织方法：** 1.用可钩3号钩针钩160针锁针，13针1个花样，排12个鱼网的花样，两边各加2针边针。
  2.按图解钩6行花样，断线完成。

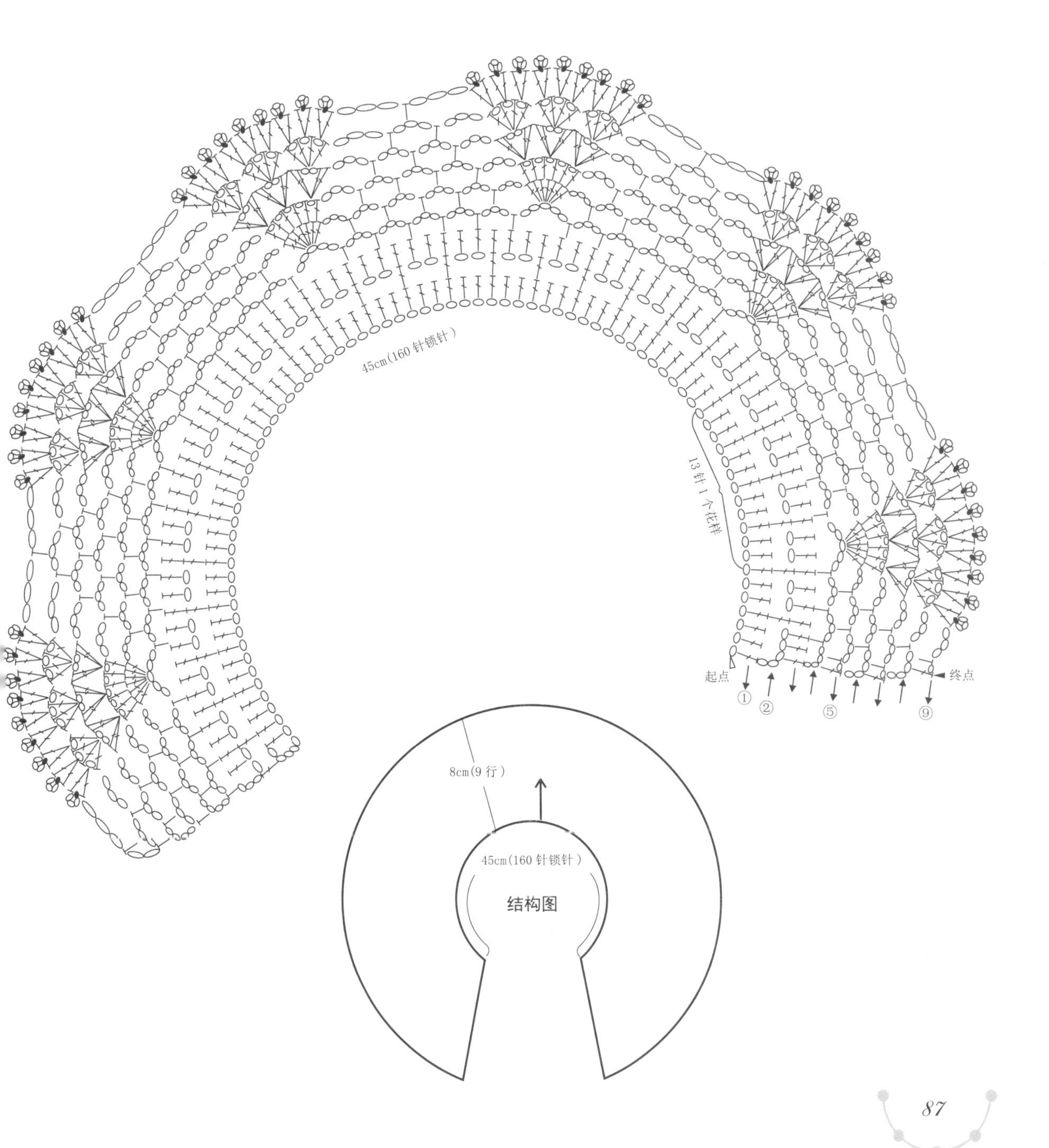

NO.20 迷雾森林装饰领

作品效果见第26页

- 材　　料：5号蕾丝线白色55g
- 工　　具：可钩3号钩针
- 成品尺寸：宽12cm　内弧长54cm
- 编织方法：1.用可钩3号钩针钩160针锁针，首尾用引拔针相连围成圈，10针1个花样，排16个花样。
  2.按图解提示钩11行断线。
  3.从内弧起针处接线钩短针和狗牙边，断线完成。

NO.21 俏皮可爱装饰领

作品效果见第27页

- 材　　料：5号蕾丝线白色35g 塑料扣子1粒
- 工　　具：可钩3号钩针
- 成品尺寸：宽8cm　内弧长44cm
- 编织方法：1.用可钩3号钩针钩162针锁针，8针1个花样，排20个花样，两边各加1针边针。
  2.按图解钩至12行后在两边钩短针，内弧钩长针正浮针和锁针。
  3.缝上塑料扣子完成。

NO.22 俏丽佳人装饰领

作品效果见第28页

- 材　　料：5号蕾丝线白色65g
- 工　　具：可钩3号钩针
- 成品尺寸：宽8cm　内弧长50cm
- 编织方法：1.用可钩3号钩针按小花图解钩小花朵18个，并把花朵用引拔针连接起来。
  2.按图解的方法从第2行钩至第11行。
  3.最后钩1行边缘花样完成。

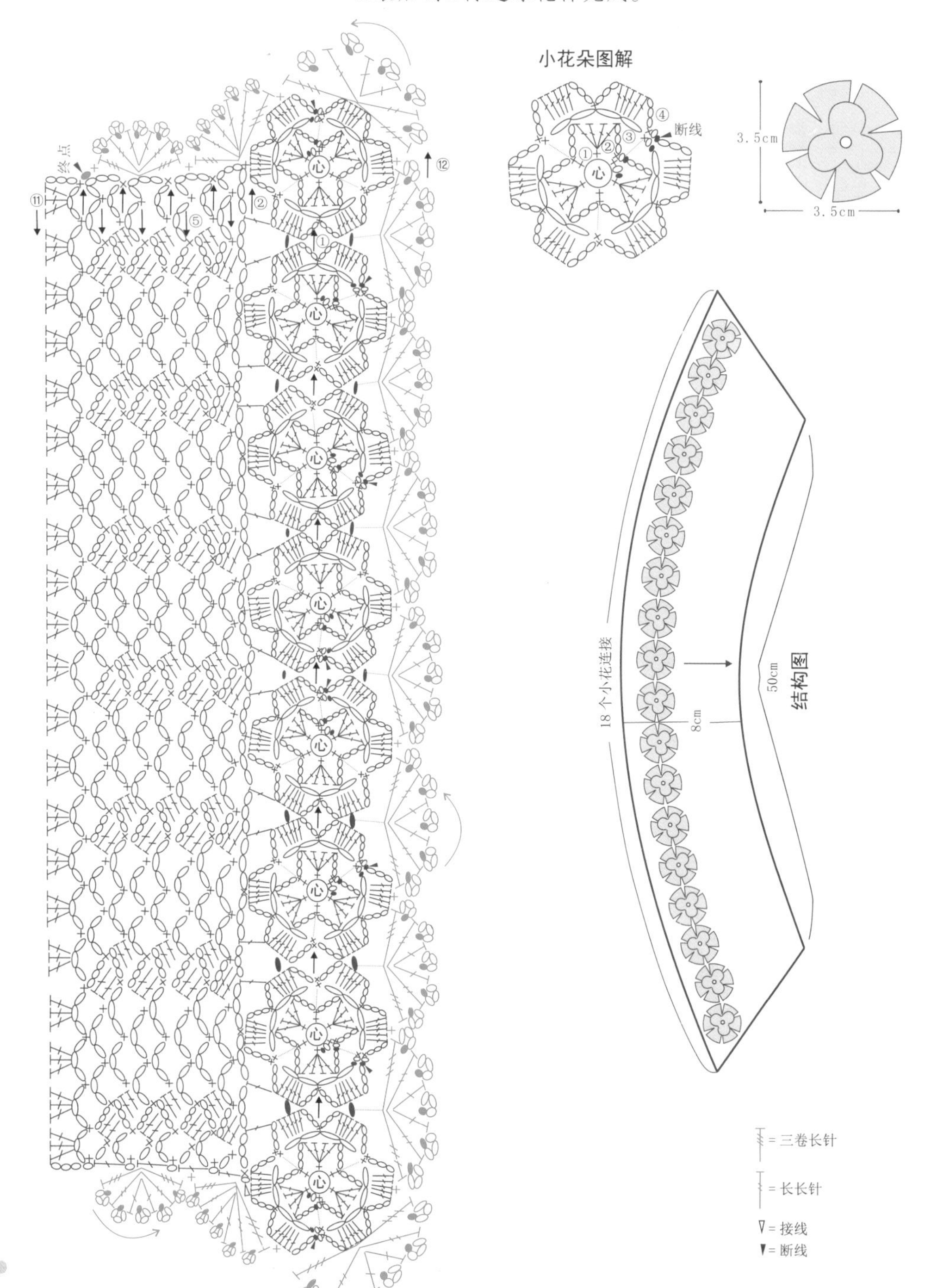

NO.23 扇形拼接装饰领

作品效果见第30页

- **材　　料：** 5号蕾丝线果绿色50g
- **工　　具：** 可钩3号钩针
- **成品尺寸：** 宽7.5cm　内弧长50cm
- **编织方法：** 1.用可钩3号钩针钩163针锁针，18针1个花样，排9个花样，加1针边针。
  2.按图解钩完8行后，再圈钩1圈狗牙边完成。

NO.24 优雅脱俗装饰领

作品效果见第31页

- 材　　料：5号蕾丝线白色70g
- 工　　具：可钩3号钩针
- 成品尺寸：宽13cm　内弧长52cm
- 编织方法：用可钩3号钩针钩10针锁针钩比利时耳朵花花样，具体钩法见详细步骤图，钩13个比利时耳朵花花样后，圈钩边缘花样完成。

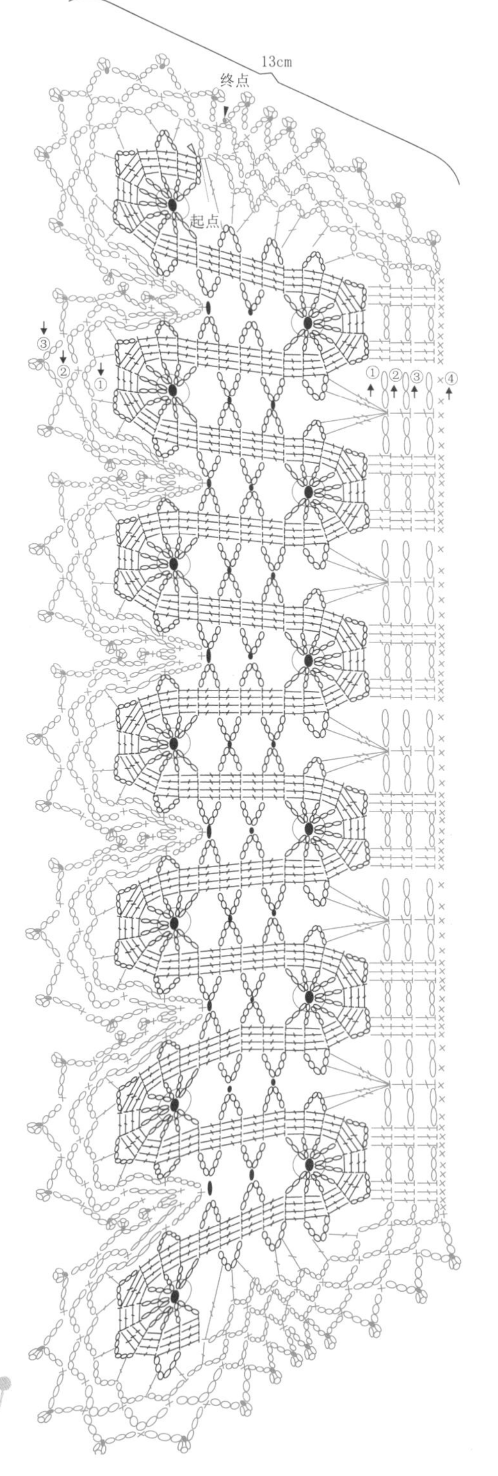

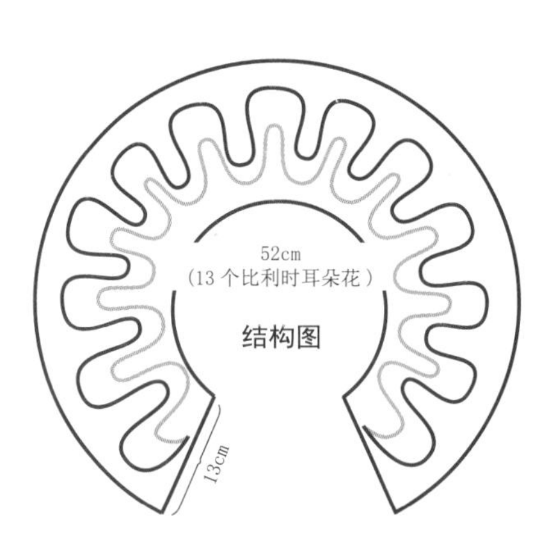

NO.25 简约大气装饰领

作品效果见第32页

- 材　　料：5号蕾丝线裸金色55g
- 工　　具：可钩3号钩针
- 成品尺寸：宽12cm　内弧长42cm
- 编织方法：1.用可钩3号钩针钩145针锁针，6针1个鱼网花，排24个花样，加1针边针。
  2.按图解钩20行后钩边缘花边，注意花边的钩织方向。

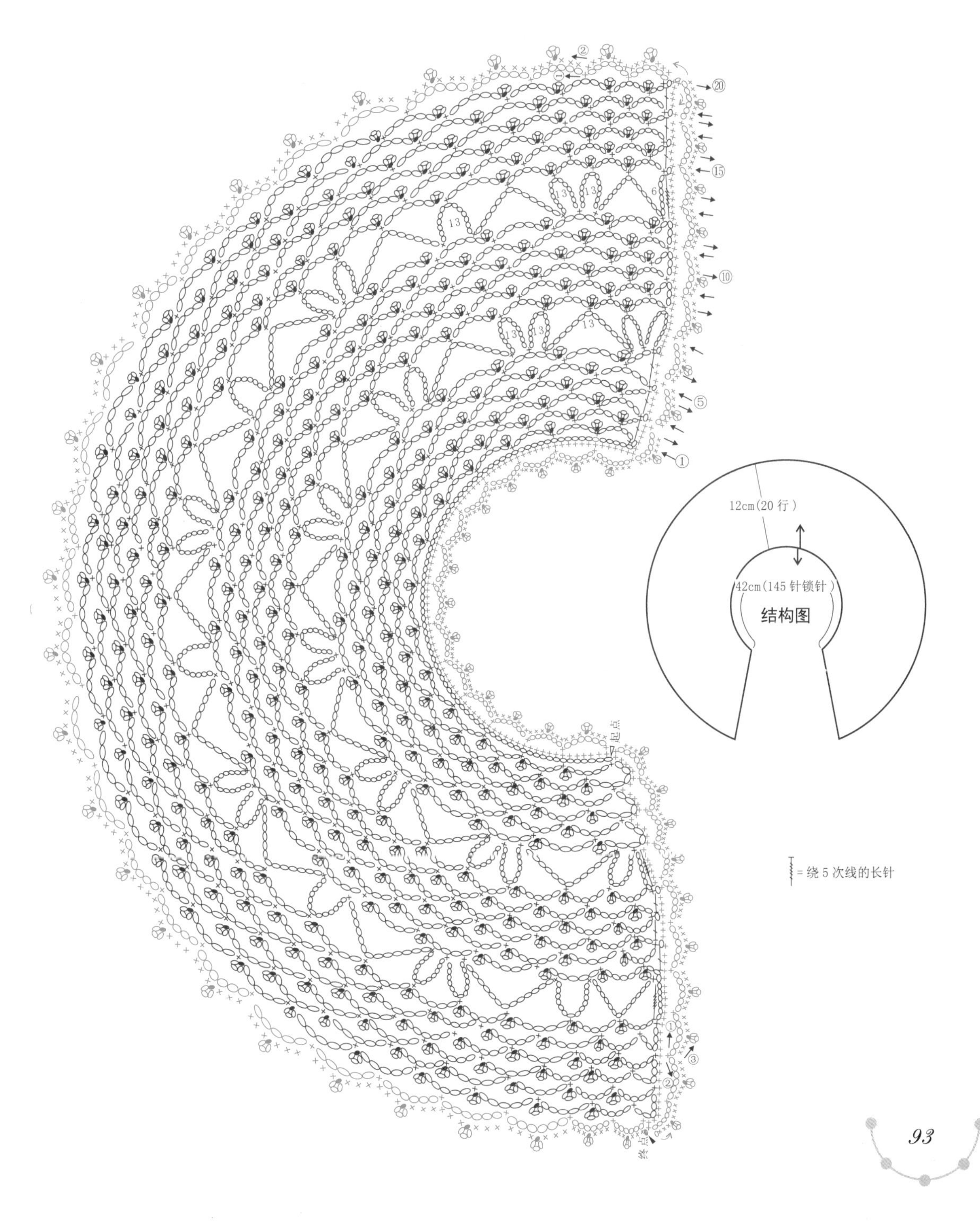

NO.26 淑女范儿装饰领

作品效果见第34页

- 材　　料：5号蕾丝线白色40g　塑料小扣子1粒
- 工　　具：可钩3号钩针
- 成品尺寸：宽6cm　内弧长46cm
- 编织方法：1.用可钩3号钩针钩166针锁针，18针1个花样，排9个花样，两边边针各2针。
  2.按图解钩4行后断线重新接线圈钩边缘花样。
  3.缝上1粒塑料小扣子完成。

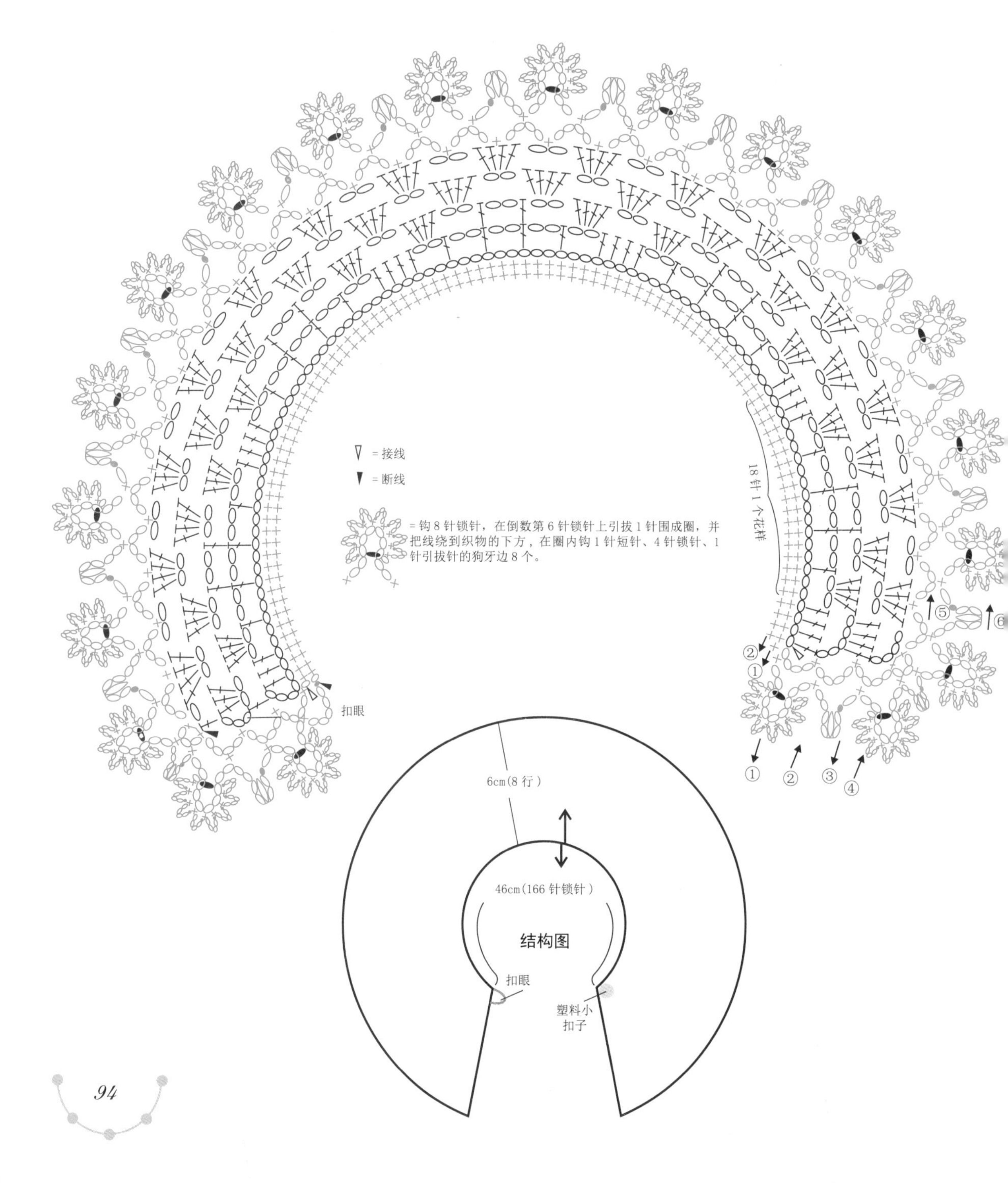

NO.27 巧妙错落装饰领

作品效果见第35页

- 材　　料：5号蕾丝线白色35g
- 工　　具：可钩3号钩针
- 成品尺寸：宽8cm　长55cm
- 编织方法：1.用可钩3号钩针钩11针锁针、1针引拔针围成圈，在圈内钩4针锁针立起和17针长长针的扇形花。
2.在第1个扇形花钩完最后1行狗牙边后按图解钩7针锁针、1针短针与第1个扇形花连接围成圈，在圈内钩4针锁针立起和12针长长针的扇形花，从第2个扇形花到第19个扇形花都是钩4针锁针立起、12针长长针的花样。
3.第20个扇形花和第1个扇形花一样都是钩4针锁针立起和17个长长针的花样。
4.钩完20个扇形花后不断线，按图解钩3行边缘花样完成。

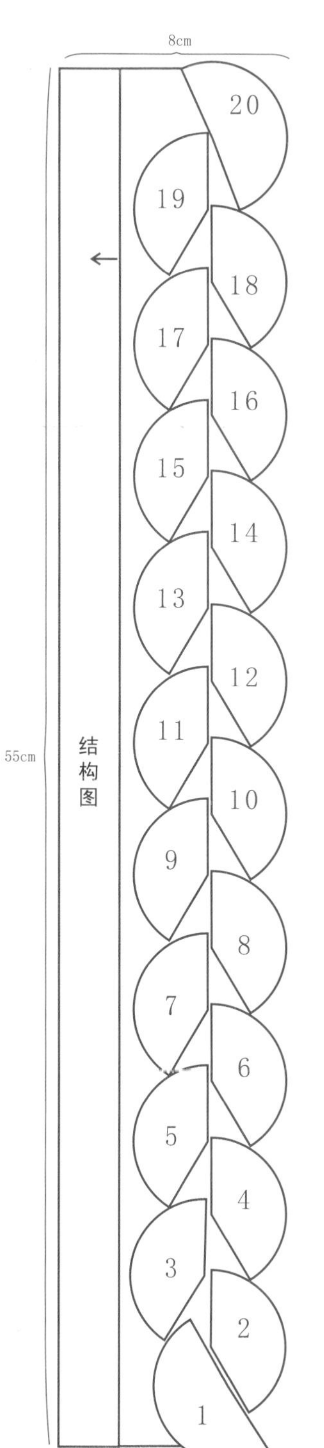

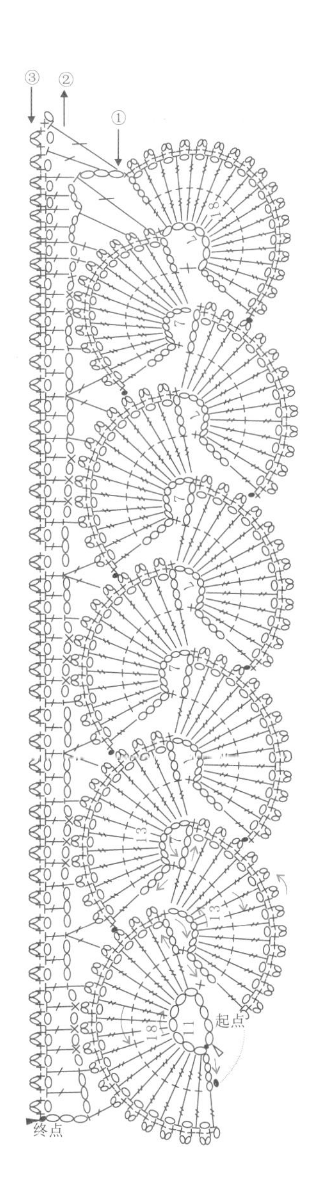

NO.28 浪漫气息装饰领

作品效果见第36页

- 材　　料：5号蕾丝线白色65g
- 工　　具：可钩3号钩针
- 成品尺寸：宽12cm　内弧长64cm
- 编织方法：1.用可钩3号钩针钩41针锁针，按图解钩到第9行后重复钩织第2组花样至第9行。
  2.钩到81行钩完10个齿边花后钩狗牙边完成。

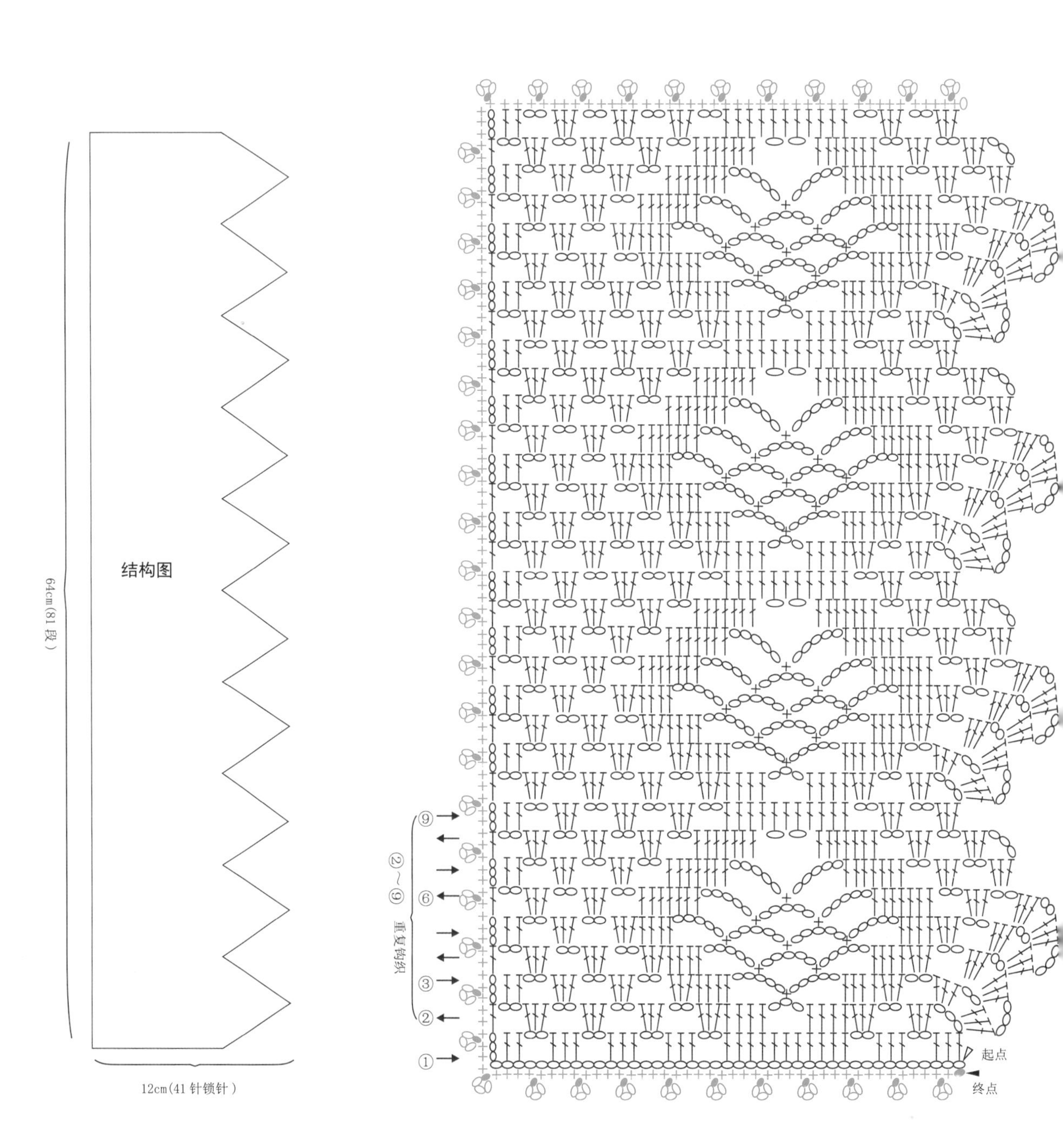

NO.29 治愈系少女装饰领

作品效果见第38页

- 材　　料：5号蕾丝线果绿色50g
- 工　　具：可钩3号钩针
- 成品尺寸：宽10cm　内弧长62cm
- 编织方法：1.用可钩3号钩针钩9针锁针，按图解方法钩到第12行，从这行开始钩扇形的半圆花，一个半圆花是20行。
  2.钩到80行钩完4个完整的半圆花后断线完成。

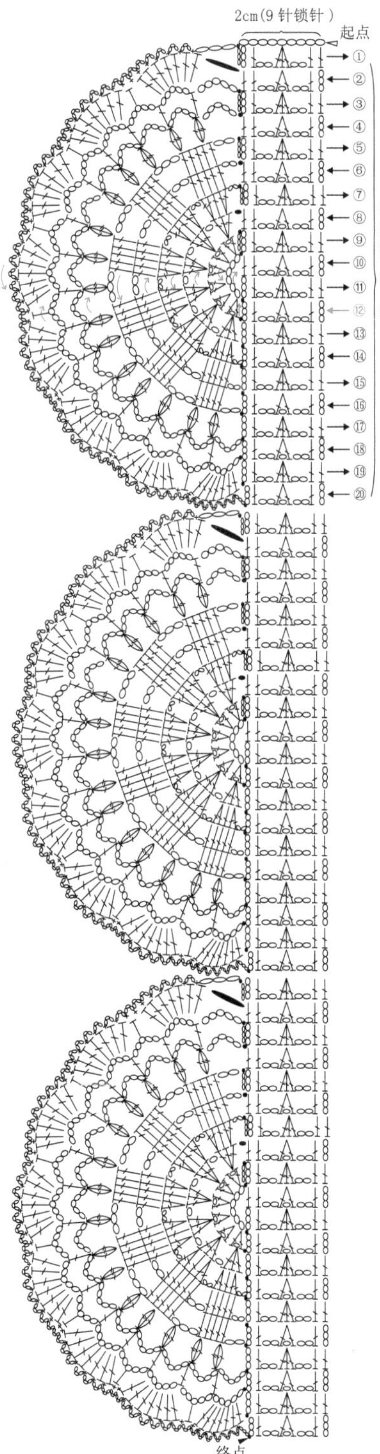

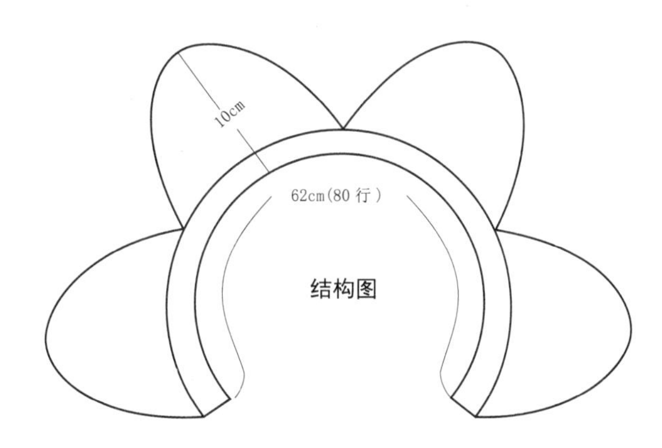

NO.30 清新自然装饰领

作品效果见第39页

- 材　　料：5号蕾丝线白色50g
- 工　　具：可钩3号钩针
- 成品尺寸：宽12cm　内弧长50cm
- 编织方法：1.用可钩3号钩针钩184针锁针，26针1个花样，排7个花样，加上2针边针。
  2.按图解钩完11行后不断线钩第12行完成。

NO.31 可爱减龄装饰领

作品效果见第40页

- **材　　料：** 5号蕾丝线白色65g
- **工　　具：** 可钩3号钩针　塑料珠子10粒
- **成品尺寸：** 宽8.5cm　内弧长54cm
- **编织方法：** 1.用可钩3号钩针钩180针锁针、1针引拔针围成圈，18针1个花样，排10个花样。钩1针长针、1针锁针重复钩完第1圈后引拔结束，第2圈按图解每18针加4针的钩法，第3圈钩完220针短针后结束断线。
  2.按单元花图解钩单元花，单元钩到第7行时与主体花连接，具体操作方法可以参照详细步骤图。
  3.单元花连接好后，在内弧边上钩1圈短针和1圈短针的棱针编织。
  4.在每个单元花上缝上1粒塑料小珠子，完成。

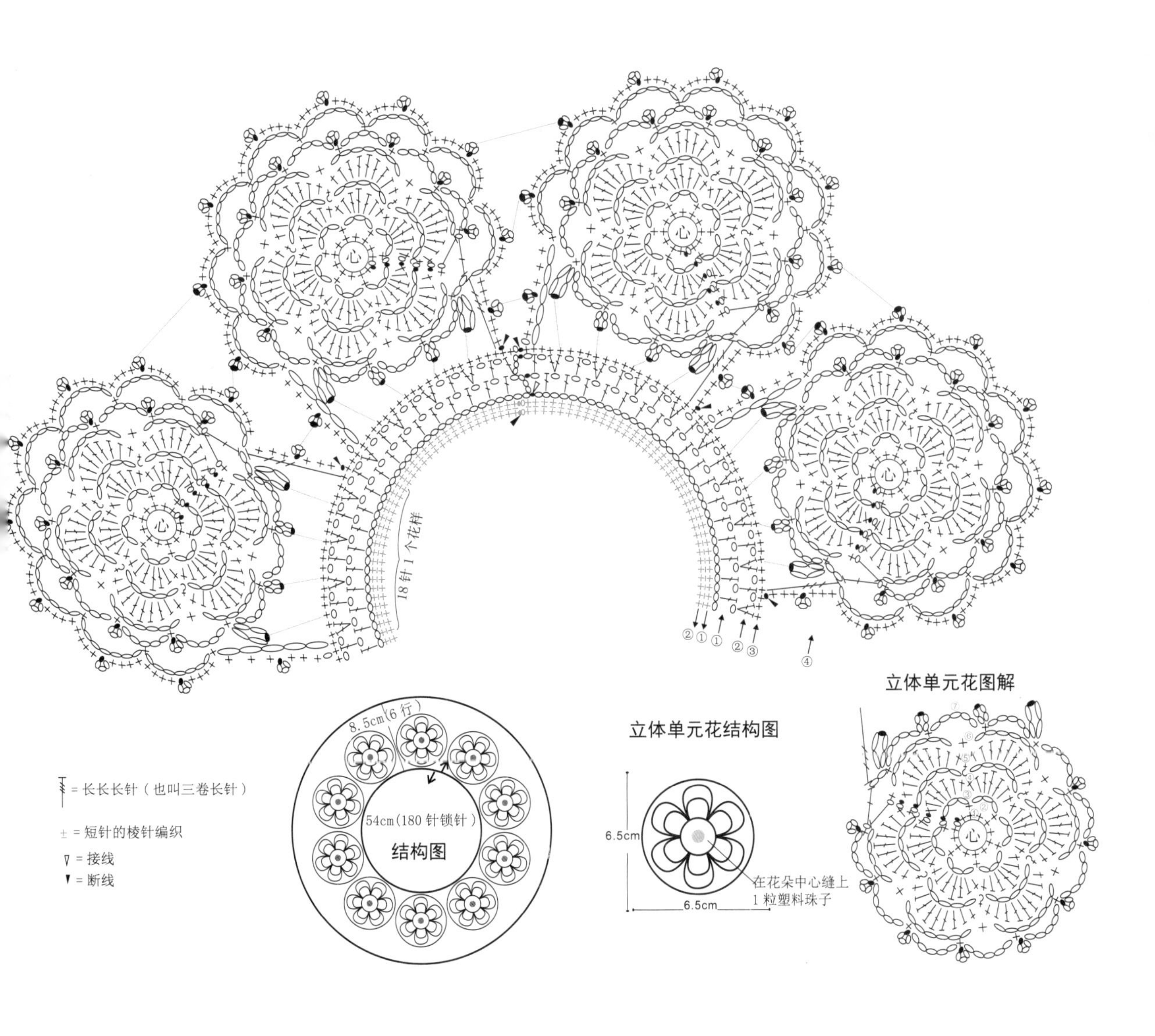

NO.32 纯色花朵装饰领

作品效果见第41页

- 材　　料：5号蕾丝线白色50g
- 工　　具：可钩3号钩针
- 成品尺寸：宽17cm　内弧长52cm
- 编织方法：1. 用手指绕线围成圈，在圈内钩14针短针，按图解在短针上钩花样，钩完第12圈断线完成第1个单元花。
  2. 重新起头钩第2个单元花，钩到第12圈时注意和第1个单元花的连接。
  3. 钩好所需的单元花后断线，按图解在第1个单元上重新接线钩第13和第14圈完工。

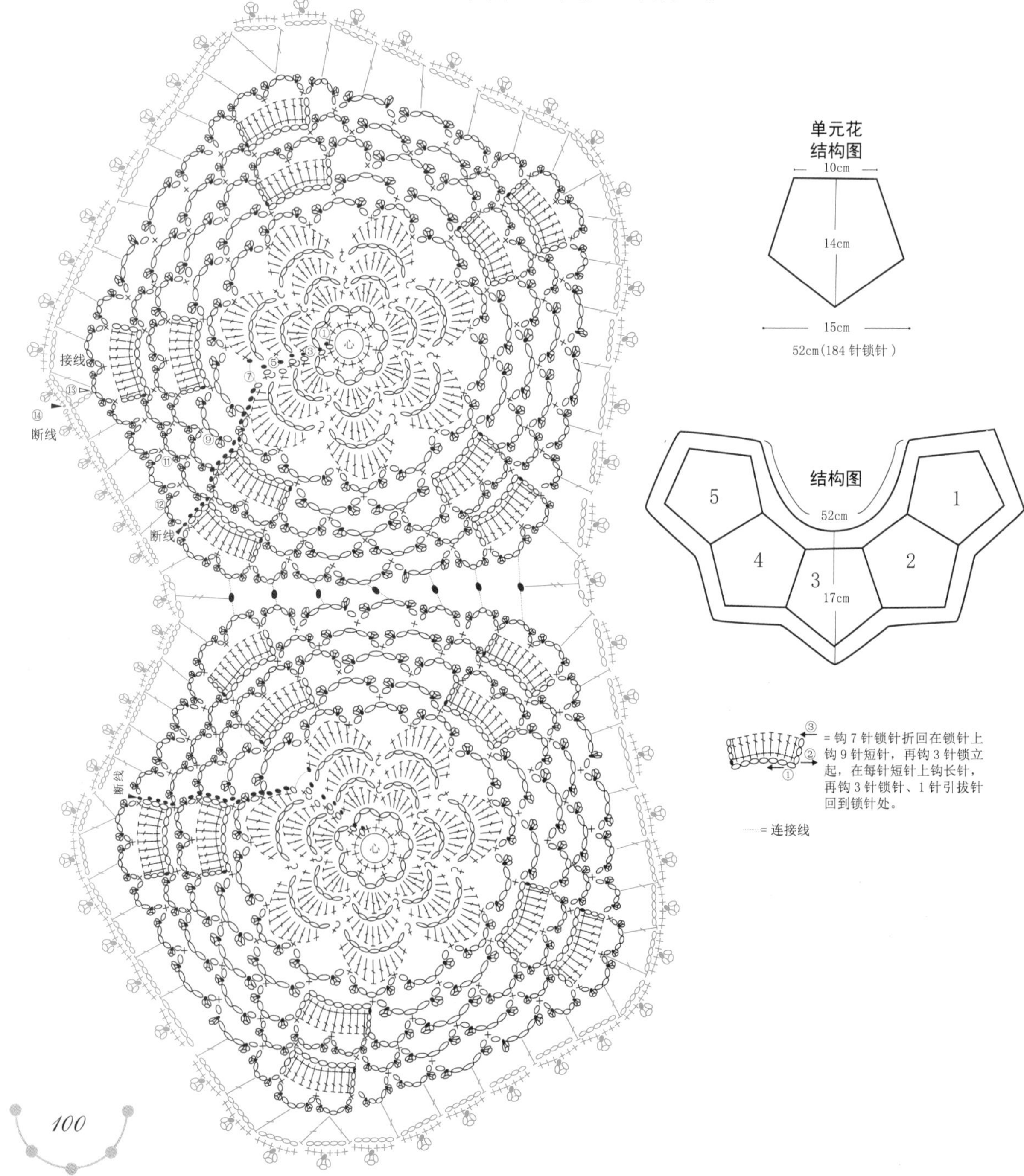

NO.33 精致卷边装饰领

作品效果见第42页

- 材　　料：5号蕾丝线浅粉红色45g
- 工　　具：13号棒针2根
- 成品尺寸：宽6.5cm　内弧长52cm
- 编织方法：1.用13号棒针起针，起223针，12针1个花样，排18个花样，加上边针7针。
  2.按图解织到第13行时，按图解花样织法，每个花样减掉了2针共减掉了36针，织到第21行时按图解花样的织法每个花样又减掉了2针，减掉了36针，针上还有151针织到第29行，第30行织1行上针后平收掉完成。
  3.注意两边各4针的边针都是织起伏针的，1行上针1行下针重复操作。

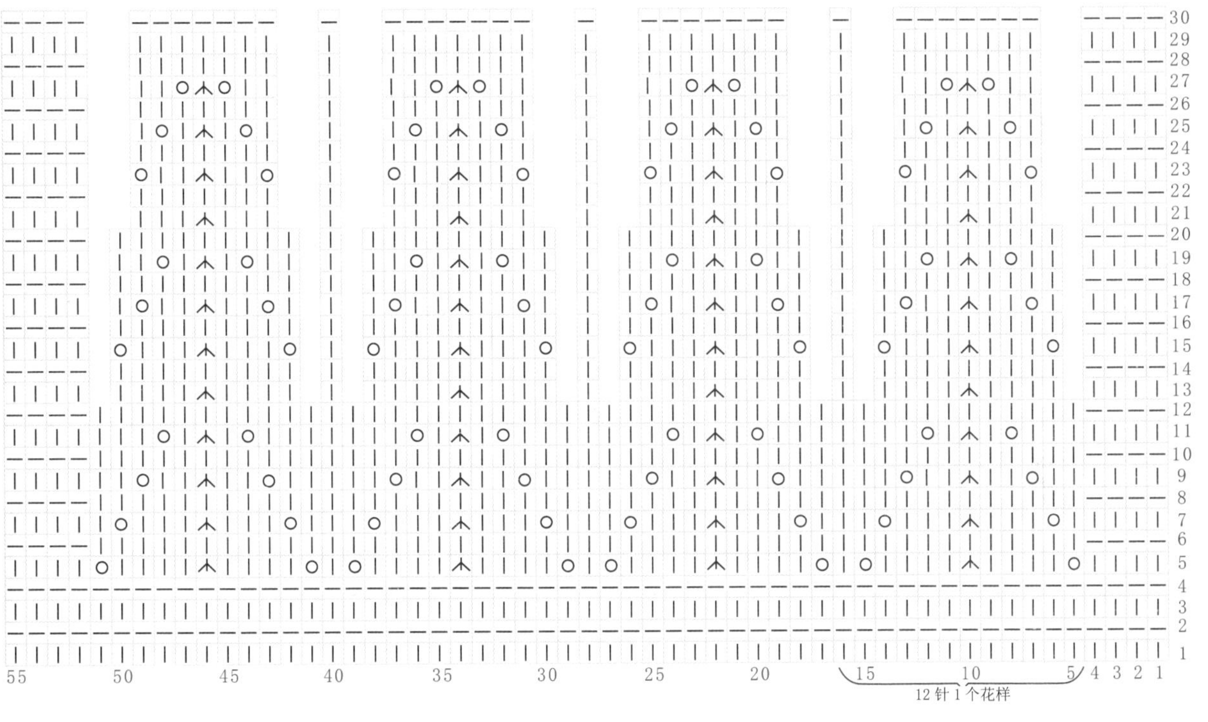

| 下针
— 上针
○ 线线加针
⋏ 3针并1针

NO.34 波浪边缘装饰领

作品效果见第43页

- 材　　料：5号蕾丝线白色45g
- 工　　具：13号棒针4根 可钩3号钩针
- 成品尺寸：宽7cm　内弧长64cm
- 编织方法：1.13号棒针起192针，16针1个花样，排12个花样。
  2.按图解圈织到第20圈后平收，然后用可钩3号钩针按图解钩边边花样。
  3.在内弧边边上接线，按内弧边边花样图解钩狗牙边完成。

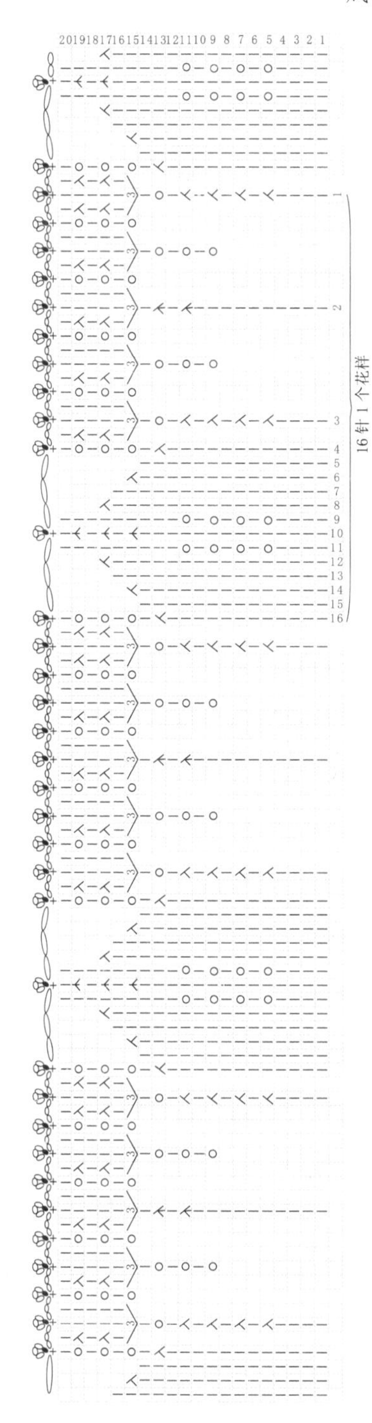

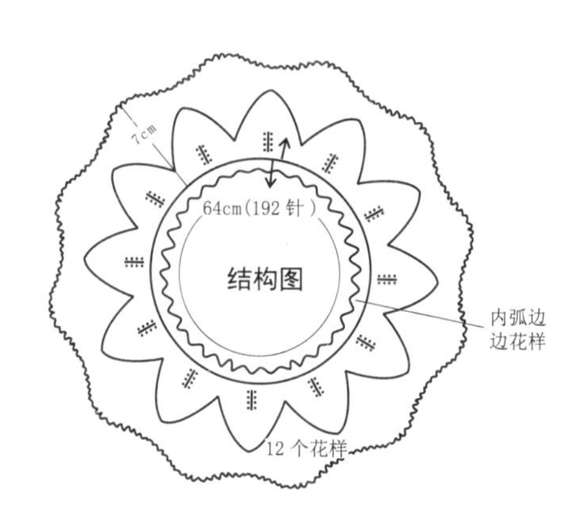

内弧边边花样

- 丨 下针
- ○ 绕线加针
- 人 左上2并1针
- 入 右上2并1针
- 木 右上3并1
- 个 3针并1针
- 1针里加3针
- 方格是空针

NO.35 橙色钩花装饰领

作品效果见第44页

- 材　　料：5号蕾丝线浅粉红色50g
- 工　　具：可钩3号钩针
- 成品尺寸：宽11cm　长60cm
- 编织方法：1.用可钩3号钩针钩7针锁针，1针引拔针围成圈，在圈内钩3针锁针立起、22针长针的9个花瓣的半月形花，从第2个半月花起每圈内钩3针锁针立起、13针长针的5个花瓣的半月形花，按图解钩11个半月形花，注意最后1个半月形花是14针的7个花瓣。
  2.在第1个半月形花上接线，按图解钩4行完成。

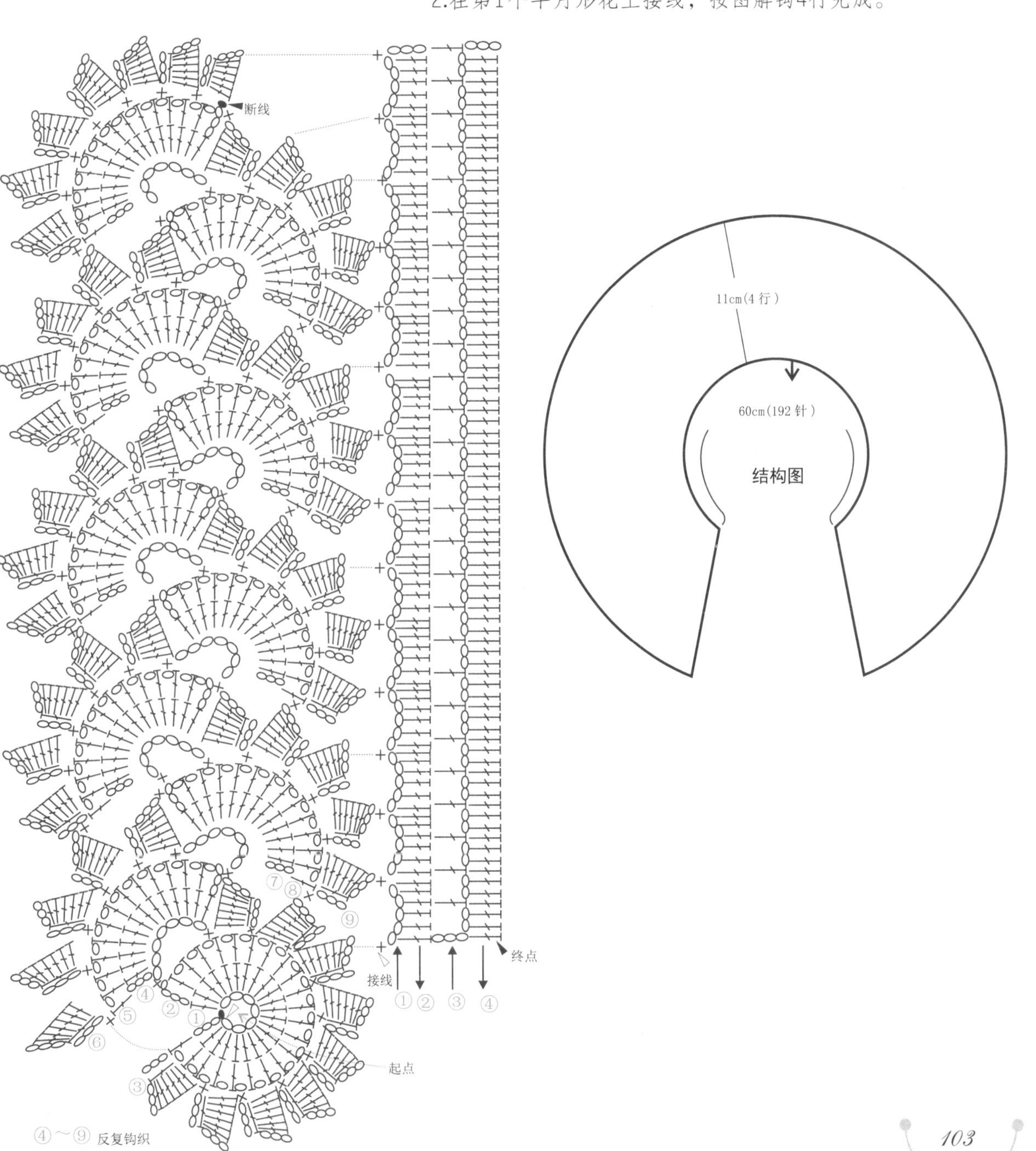

NO.36 森女风格装饰领

作品效果见第45页

材　　料：5号蕾丝线白色45g

工　　具：可钩3号钩针

成品尺寸：宽13cm　长56cm

编织方法：1.用可钩3号钩针从图解上的中心起点处开始钩，钩4针锁针，在第1针锁针处钩贝壳针，按图解的钩织方向钩花样A的8个菠萝的花瓣后断线。
2.从起针处在相反的方向钩花样A的8个菠萝的花瓣后断线。
3.按图解重新接线钩花样B，完成。

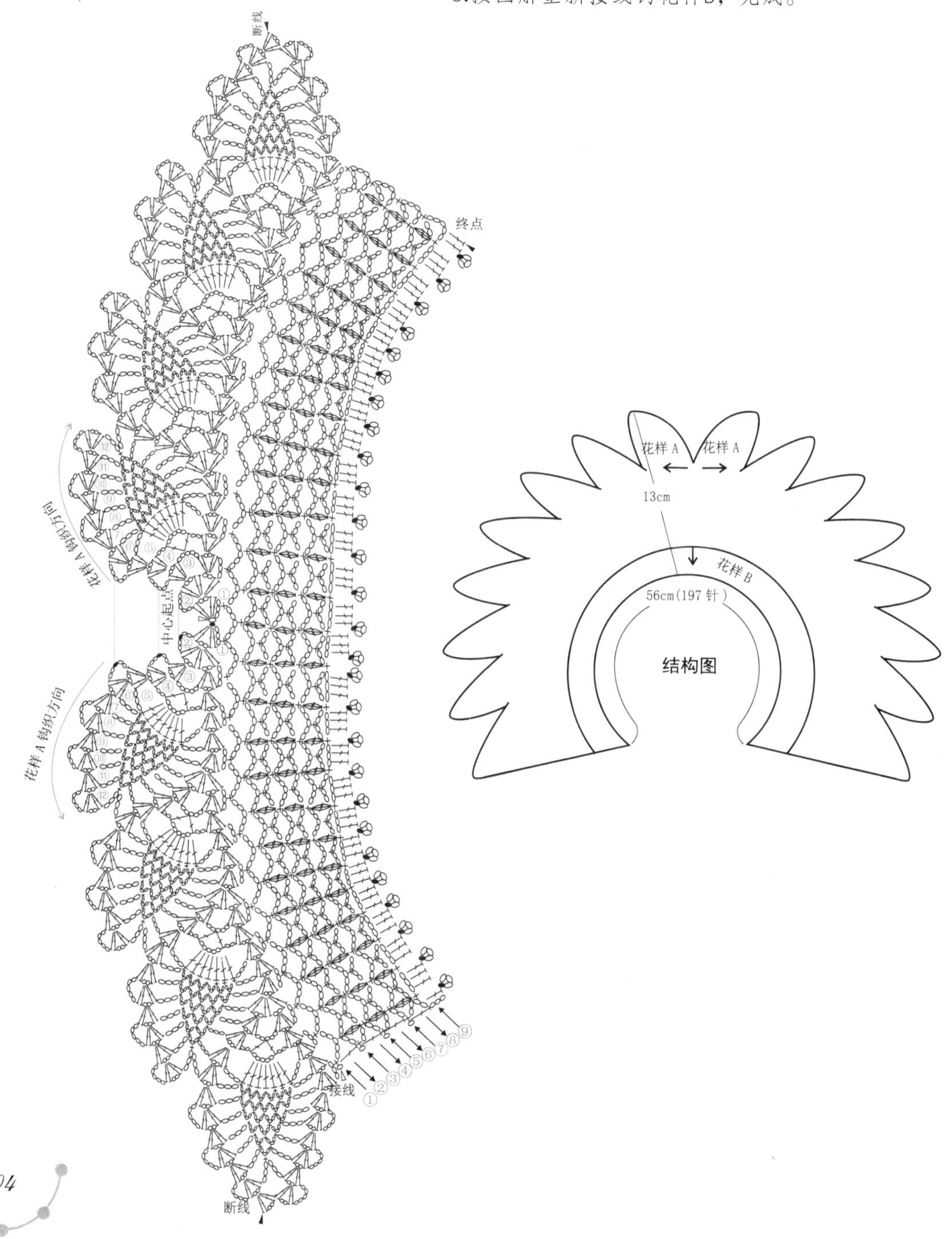

NO.37 连续花样装饰领

作品效果见第46页

- 材　　料：5号蕾丝线浅粉红色35g
- 工　　具：可钩3号钩针
- 成品尺寸：宽13cm　长66cm
- 编织方法：1.按图解钩第1个单元花，第1个花结束时注意钩85针锁针的系带后断线。
  2.注意第2个单元花与第1个单元花连接点。
  3.钩6个单元花，最后1个单元花注意与第5个单元花的连接点和钩系带的位置。

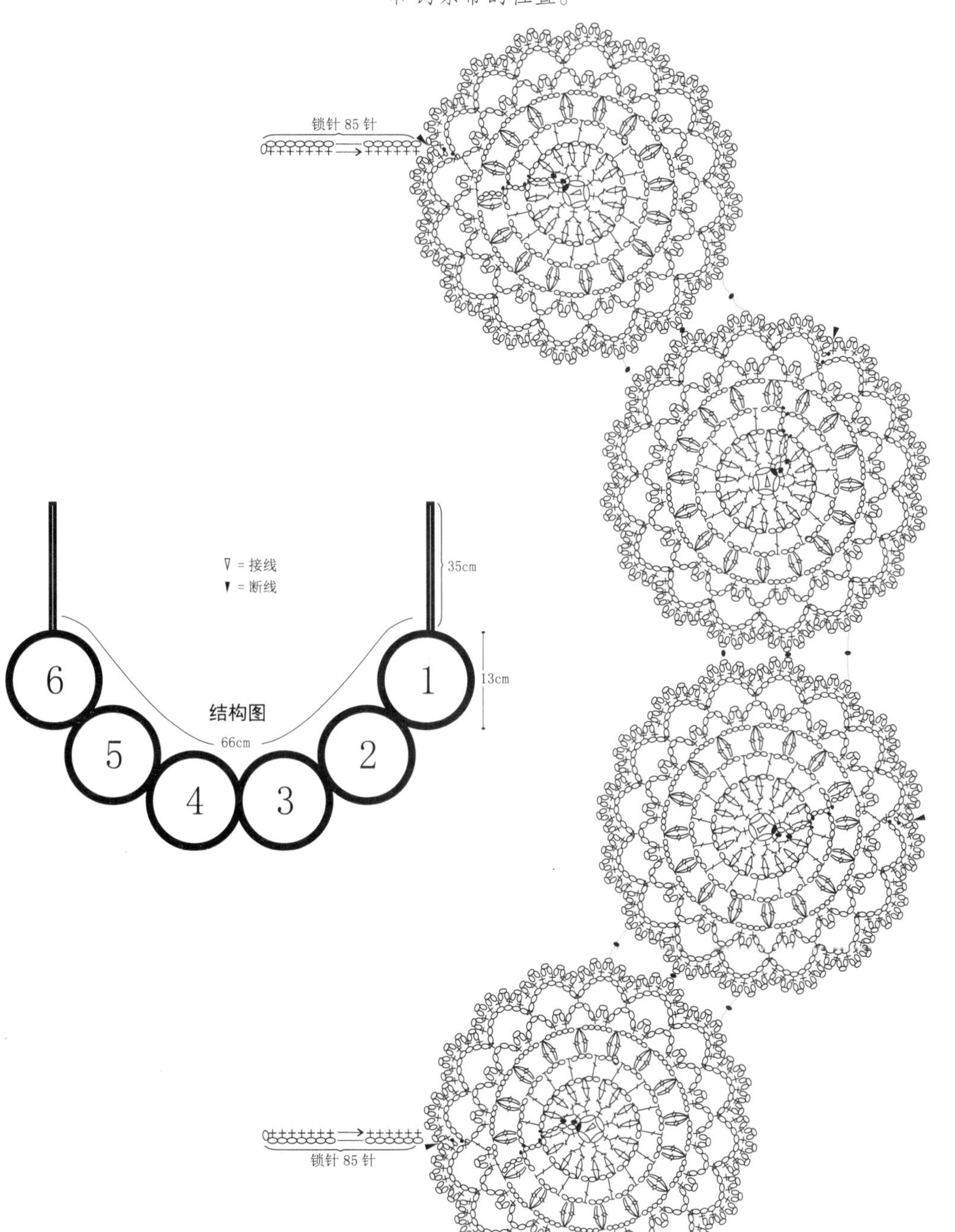

NO.38 经典简约装饰领

作品效果见第47页

- 材　　料：5号蕾丝线白色35g
- 工　　具：可钩3号钩针
- 成品尺寸：宽8cm　长60cm
- 编织方法：1.可钩3号钩针起193针，12针1个花样，排16个花样，1针边针。
  2.按图解钩10行后钩1行狗牙边针完成。

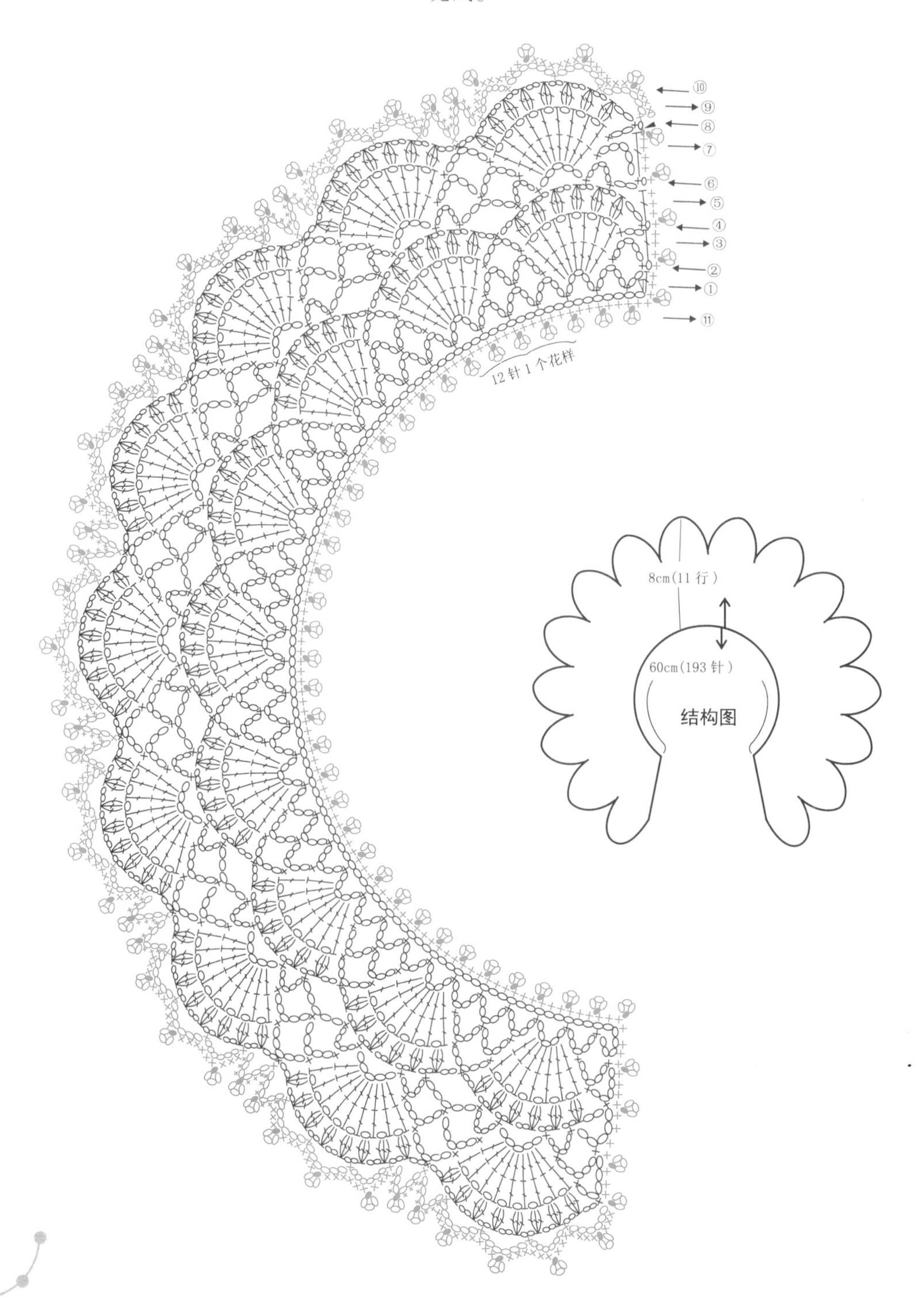

NO.39 淡雅清新装饰领

作品效果见第48页

- 材　　料：5号蕾丝嫩绿色30g
- 工　　具：可钩3号钩针
- 成品尺寸：宽8.5cm　长56cm
- 编织方法：1.可钩3号钩针钩181针锁针，15针1个花样，排12个花样，1针边针。
  2.按图解钩10针后断线。
  3.接线钩边缘花样完成。

NO.40 个性时尚装饰领

作品效果见第50页

- 材　　料：5号蕾丝嫩绿色20g
- 工　　具：可钩3号钩针
- 成品尺寸：宽7cm　长54cm
- 编织方法：1.用可钩3号钩针钩168针锁针。12针1个花样，排14个花样。
  2.按图解钩9行后再钩1圈短针完成。

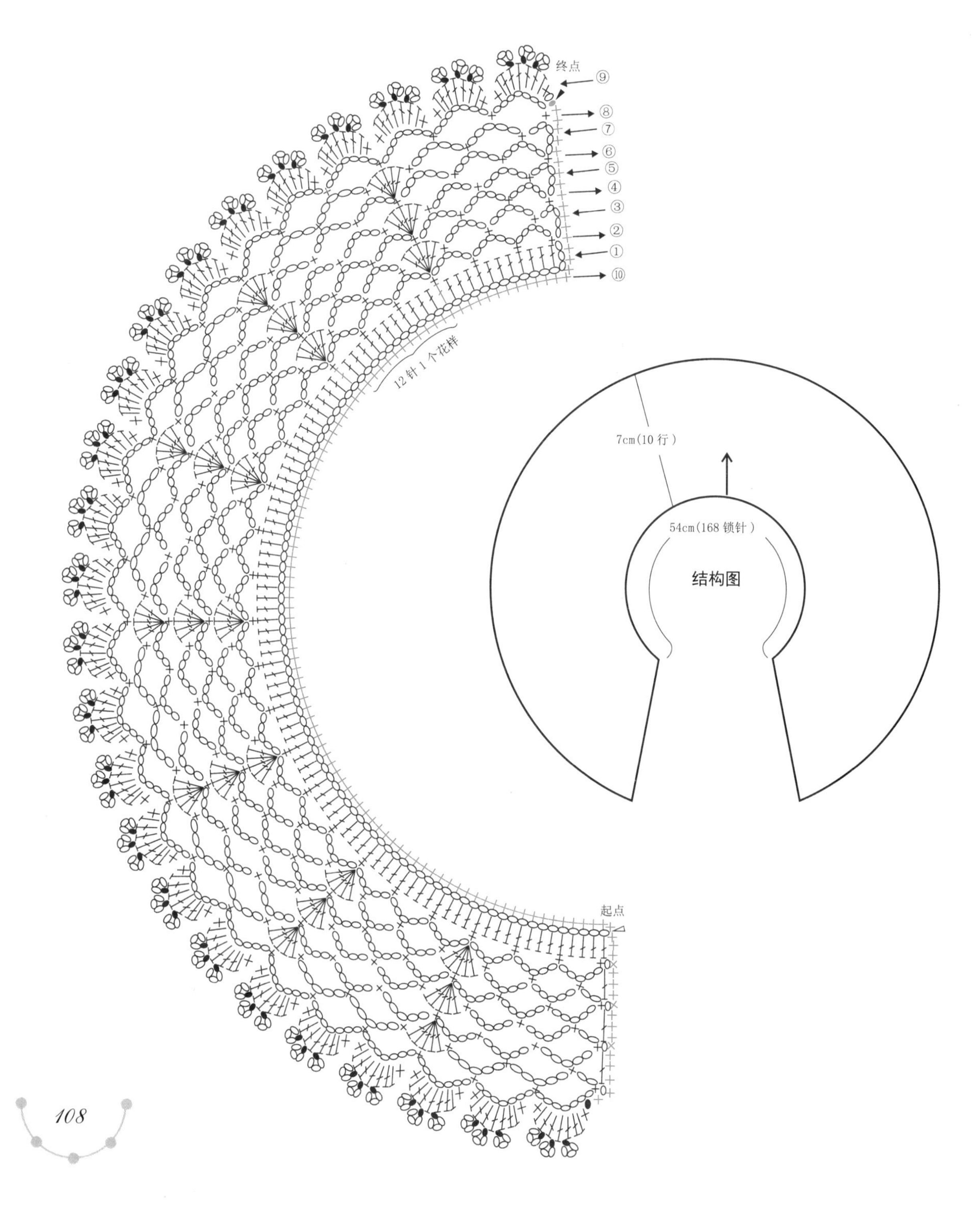

NO.41 初恋时光装饰领

作品效果见第51页

- **材　　料：** 5号蕾丝嫩绿色5g　浅粉红色15g　纯白色20g
- **工　　具：** 可钩3号钩针
- **成品尺寸：** 宽12.5cm　长52cm
- **编织方法：** 1. 用可钩 3 号钩针将浅粉红色线用手指绕线围成圈，在圈内钩 3 针锁针立起、23 针长针、1 针引拔针后断线。
  2. 用嫩绿色线接线钩 1 圈 24 针的短针，第 3 圈按图解钩 3 针锁针的网格 12 个，用这两种颜色的线钩 23 个花心。
  3. 用纯白色线按图解方式连接 23 个花心，第 1 排连接 11 个，第 2 排连接 12 个。
  4. 在 11 个花朵的内侧再钩 4 行完成。

单元花图解

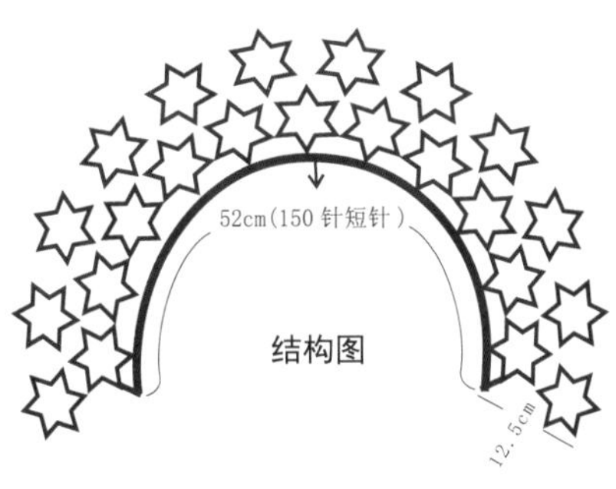

结构图

配色表

行数	颜色
①	血牙红色
②～③	嫩绿色
④	纯白色

NO.42 复古风格装饰领

作品效果见第52页

- 材　　料：5号蕾丝线浅粉红色45g　浅粉色丝带1根
- 工　　具：可钩3号钩针
- 成品尺寸：宽17cm　长50cm
- 编织方法：1.用可钩3号钩针钩31针锁针的辫子，按图解在辫子上
花样13行后，重复钩花样第2行到第13行，钩8片齿轮花
样后断线。
2.重新接线钩一圈狗牙边。
3.剪一条100cm的丝带穿上，完成。

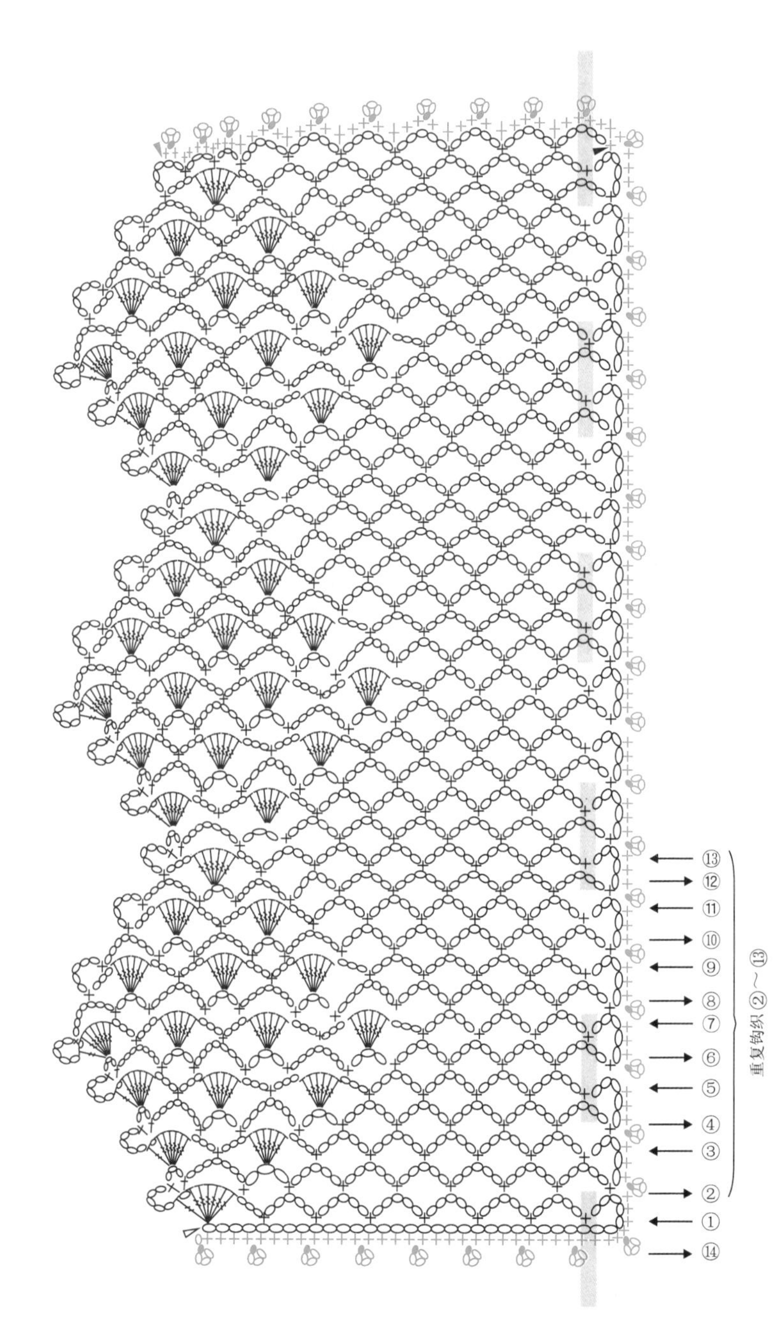

NO.43 甜美靓丽装饰领

作品效果见第54页

- **材　　料**：5号蕾丝血牙红色30g
- **工　　具**：可钩3号钩针
- **成品尺寸**：宽13cm　长68cm
- **编织方法**：1.用可钩3号钩针按单元花图解的方法钩7个单元花，边钩边连接，第1个单元花钩好后断线，第2个单元花钩最后1圈时与第1个相连接，注意每个单元花连接的位置。
  2.7个单元花连接好后，重新接线按图解钩外圈，完成。

NO.44 韩式唯美装饰领

作品效果见第56页

- **材　　料：** 5号蕾丝嫩绿色40g
- **工　　具：** 可钩3号钩针
- **成品尺寸：** 宽15cm　长72cm
- **编织方法：** 1.这款领边是从中心向两边钩的，用可钩3号钩针钩14针锁针，在倒数第11针处钩1针长针围成圈，再按图解，在圈内钩3针锁针立起、12针长针。按图解钩3个花瓣后断线。
  2.从中心位置起针处重新接线钩另一边，注意与相对应的一边用引拔针连接。

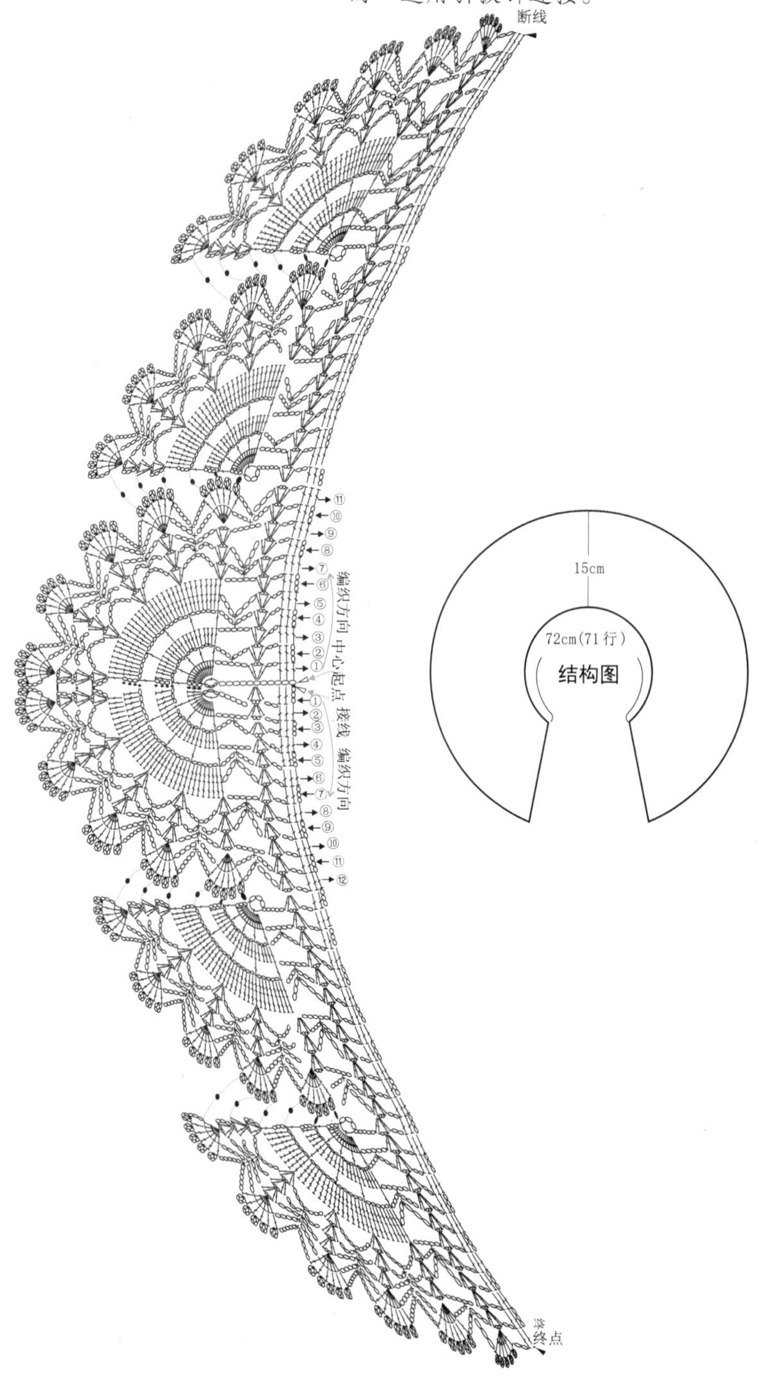